高等学校计算机公共课程"十二五"规划教材

C 程序设计实验指导

（第二版）

主　编　雷新贤　黄荣保

副主编　陶虹平　张小青

中国铁道出版社有限公司
CHINA RAILWAY PUBLISHING HOUSE CO., LTD.

内 容 简 介

本书是与雷新贤、黄荣保主编的《C程序设计简明教程》（第二版）配套的上机实验指导教材。全书共 11 章，前 10 章与主教材一一对应，每章包括知识要点、习题解答、常见错误和难点分析、测试题四部分。第 11 章安排了补充练习，这些练习涵盖了 C 语言的大部分知识点，是对 C 语言的综合应用，也是对所学知识的总结。

本书保留了原章节的内容和风格，内容在第一版的基础上增加了第 10 章 Windows 界面设计的配套练习，并且对数组、函数、指针的练习内容进行了更加合理的组织和编排。

本书适合作为应用型本科学校学生学习 C 程序设计课程的辅导教材，也可作为 C 语言自学者的教材或参考书。

图书在版编目（CIP）数据

C 程序设计实验指导 / 雷新贤，黄荣保主编. — 2 版.
— 北京 ：中国铁道出版社，2015.2（2019.12 重印）
高等学校计算机公共课程"十二五"规划教材
ISBN 978-7-113-20035-0

Ⅰ．①C… Ⅱ．①雷… ②黄… Ⅲ．①C 语言－程序设计－高等学校－教学参考资料 Ⅳ．①TP312

中国版本图书馆 CIP 数据核字（2015）第 041394 号

书　　名：C 程序设计实验指导（第二版）
作　　者：雷新贤　黄荣保　主编

策　　划：侯　伟　　　　　　　　　　读者热线：(010)63550836
责任编辑：何红艳
封面设计：刘　颖
责任校对：汤淑梅
责任印制：郭向伟

出版发行：中国铁道出版社有限公司（100054，北京市西城区右安门西街 8 号）
网　　址：http://www.tdpress.com/51eds/
印　　刷：三河市宏盛印务有限公司
版　　次：2010 年 8 月第 1 版　　2015 年 2 月第 2 版　　2019 年 12 月第 6 次印刷
开　　本：787mm×1092mm　1/16　印张：9.75　字数：228 千
印　　数：6 501～7 500 册
书　　号：ISBN 978-7-113-20035-0
定　　价：21.00 元

本书是与雷新贤、黄荣保编写的《C 程序设计简明教程》（第二版）配套的上机实验指导教材。

全书共 11 章，前 10 章与主教材一一对应，每章包括知识要点、习题答案、常见错误和难点分析、测试题四部分。"知识要点"部分是对主教材相对应内容的总结；"习题答案"部分的编程实验题只给出了奇数题号的参考答案，偶数题号的编程题与前面的奇数题类似，这样读者可根据奇数题的解答独立完成偶数题号编程实验；"常见错误和难点分析"部分列出了初学者在 C 程序编写和调试过程中常见的错误和解决方法；"测试题"部分根据教学目标综合为四部分，分别是阅读程序写出执行结果、程序填空、编程实验题、调试与改错，供学生在完成实验后巩固和提升所学的知识。第 11 章为补充练习，主要为参加各类计算机考试的学生提供复习题。

在进行实验环节时，可根据实际的实验环境、学时、学生的具体情况等因素对实验内容进行适当调整，以提高教学效率和质量。

本次改版是在第一版基础上，对各章内容和表述进行了细致的修改，调整了部分内容和习题，增加了第 10 章 Windows 界面设计的配套练习，这些修改力求有利于学生学习。本书由同济大学浙江学院的雷新贤、黄荣保任主编，由陶虹平、张小青任副主编；全书由黄荣保统稿。同济大学陆慰民教授给予了大力帮助和支持，陈邦兴、刘钢、时书剑、胡声丹等对本书的编写提供了宝贵意见与建议，中国铁道出版社的领导和编辑对本书的出版给予了大力支持，在此一并表示衷心感谢。

虽然我们对书中所述的内容都尽量予以核实，并多次进行文字校对，但仍可能存在疏漏和不足之处，恳请读者批评指正。

编　者

2014 年 12 月

目 录

第1章

程序设计入门

1.1 知识要点

1．C程序的组成与书写格式

C程序的组成与书写格式如下：

① C程序是由函数构成的。一个C程序必须且只能包含一个main()函数，同时也可以包含若干个其他函数。函数是C程序的基本单位，C程序从main()函数开始执行。

② C程序区分大小写字母，用C语言书写程序时要求关键字都使用小写字母。

③ C程序书写格式自由，可以一行写多个语句，也可以一个语句分几行来写。一般一个语句占一行，每个语句以"；"结尾。

④ 为了增加程序可读性，对不同结构层次的语句可缩进不同个数的字符位置，并适当地增加一些注释行或空行。

2．数据的输入输出

（1）格式化输出函数printf()

printf()函数的一般形式如下：

```
printf("输出格式字符串",输出项);
```

printf()函数的功能是按照给定的格式输出数据。"%"与后面的格式符，规定了对应输出项的输出格式，其他符号按原样输出。

printf()函数输出格式符及其说明如表1-1所示。

表 1-1　printf()函数输出格式符及其说明

格式符	说　明	范　例	显　示
d	以带符号的十进制形式输出整数	printf("%d,%d\n",-46,56);	-46,56(+不输出)
c	以字符形式输出，只输出一个字符	printf("%c%c",'A',65);	AA
s	输出字符串	printf ("%s", "Hello!");	Hello!
f	以小数形式输出单、双精度数，默认6位小数	printf("%f",46);	46.000000
e	以指数形式输出单、双精度数，保留6位小数	printf("%e",46);	4.600000e+001
o	以无符号八进制形式输出整数（无前导符0）	printf("%o,%o",51,-1);	63, 37777777777
x	以无符号十六进制形式输出整数	printf("%x,%x",51,-8);	33, ffffff9
u	以无符号十进制形式输出整数	printf("%u",-123456);	4294843840
g	系统自动选用%f或%e格式输出，不输出无意义的0	printf("%g",156);	156

注：无符号数将符号位也视为数值。

可以在%和上述格式字符间可以插入附加符号，扩展输出功能。printf ()函数的附加符及其说明如表 1-2 所示。

表 1-2 printf()函数附加符及其说明

附加符	说　明	范　例	显　示
l	加在格式符 d、o、x、u 前，用于长整型整数		
m	m 代表一个正整数，指定数据输出宽度	printf("%5d\n",123) ;	□□123（□空格）
n	对实数表示输出 n 位小数；对字符串表示截取的字符个数		
–	输出的数字或字符在域内向左靠	printf("%-5d\n",123) ;	123□□

（2）格式化输入函数 scanf()

scanf()函数的一般形式如下：

scanf("输入格式",输入项);

scanf()函数的功能是从键盘接收各项信息。

输入格式中一般只使用格式符，格式符与 printf()函数中格式类似，输入项必须是能表示地址量。

（3）字符输出函数 putchar()

putchar()函数的一般形式如下：

putchar(变量);

putchar()函数的功能是输出一个字符数据。

（4）字符输入函数 getchar()

getchar()函数的一般形式如下：

字符变量=getchar();

getchar()函数的功能是接收从键盘输入的一个字符数据。在程序中使用这个函数时，一般用一个字符变量接收读取的字符。

1.2 习 题 解 答

1．问答题

（1）C 程序的结构特点与书写格式是什么？

解：略。

（2）有三个同样大小的瓶子，一瓶是醋，另一瓶是酱油，剩下一个是空瓶。请用语言描述如何将装醋的瓶子装酱油，而将装酱油的瓶子装醋。

解：略。

2．阅读程序写出执行结果

（1）下列程序的运行结果为＿＿＿＿＿＿。

```
#include<stdio.h>
void main()
{
    char c1='a',c2='b',c3='c';
```

```
    printf("a%cb%c,c%c\n",c1,c2,c3);          // 转义字符\n 换行
}
```

解：本题的输出结果是

aabb,cc

（2）下列程序的运行结果为_____。

```
#include<stdio.h>
void main()
{
    char c1='D',c2='L',c3='A';
    printf("%c%c%c \n",c1+1,c2+2,c3+3);
}
```

解：本题的输出结果是

END

（3）下列程序的运行结果为_____。

```
#include<stdio.h>
void main()
{
    int a=3,b=5,c=8;
    float aver;
    aver=(a+b+c)/3;
    printf("aver=%f\n",aver);
}
```

解：本题的输出结果是

aver=5.333333

（4）下列程序的运行结果为_____。

```
#include<stdio.h>
void main()
{
    int j1=30,j2=75,j3;
    j3=180-j1-j2;
    printf("%d\n",j3);
}
```

解：本题的输出结果是

75

3. 程序填空

（1）以下程序的功能是在显示屏幕上输出如下信息。

```
*****************************
  This is my first C program!
*****************************
```

```
#include<stdio.h>
void main()
{
    printf("_____①_____");
    printf("_____②_____");
```

```
        printf("_____③_____");
    }
```

解：略。

（2）以下程序的功能是使用 getchar()函数接收一个字符，用 printf()函数显示；使用 scanf()函数接收一个字符，用 putchar()函数显示。

```
#include<stdio.h>
void main()
{
    char c;
    printf("please input the first char:");
    _____①_____;
    printf("_____②_____",c);
    printf("please input the second char:");
    scanf("%c",_____③_____);
    _____④_____;
}
```

解：① c=getchar()　　② %c　　③ &c　　④ putchar(c)

4．编程实验题

（1）编写程序，输出以下信息：

```
Please input password:
```

【程序代码】略。

（2）编写程序，输出以下信息：

```
$$$$$#####*****
This is a C program!
$$$$$#####*****
```

【程序代码】略。

（3）假设美元与人民币的汇率是 1 美元兑换 6.129 元人民币，编写程序输入人民币数额，输出能兑换的美元数额。

【程序代码】略。

（4）编写程序，将摄氏温度转换为华氏温度。(公式：f=c*1.8+32。其中 c 为摄氏温度，f 为华氏温度。)

【程序代码】略。

1.3　常见错误和难点分析

（1）在输入语句 scanf()函数中忘记使用变量的地址符。

例如：scanf("%d%d",a,b);

这是许多初学者刚刚学习 C 语言时一个习惯性错误。应写成

scanf("%d%d",&a,&b);

（2）输入数据的格式与要求不符。

用 scanf()函数输入数据要注意输入数据的格式。

例如，有如下 scanf()函数：

```
scanf("%d%d",&a,&b);
```

有的初学者这样输入数据：5，8↙

显然这是错误的。正确的输入应是：

5 8↙

下面我们重申一下 scanf()函数输入数据的基本原则：

① 被输入的数据之间默认使用空格、Tab 符或者回车符来分隔。

② scanf()函数中格式字符串中除了格式转换说明符以外，对其他字符必须按照原样进行输入，包括转义字符。例如：

```
scanf("a=%d,b=%d\n",&a,&b);
```

若给变量 a 赋初值 5，给变量 b 赋初值 8，应进行如下输入：

a=5,b=8↙

（3）printf()函数输出表项的计算顺序。

已知：

```
a=1,m=5,n=8,
printf("%d,%d",a,a=m+n);
```

则输出结果是 13,13，而不是 1,13。

由此可见 printf()函数输出表项中的表达式是从右至左依次计算的。

（4）改错与调试：找出下列程序中的错误，并改正。

```
#include<stdio.h>
void main()
{
    double a,b,c,s,v;
    printf(input a,b,c:\n);
    scanf("%d%d%d",a,b,c);
    s=a*b;
    v=a*b*c;
    printf("%d%d%d%d%d",a,b,c,s,v);
}
```

当程序执行时，屏幕的显示和要求输入的形式如下：

```
input a,b,c:2.0 2.0 3.0
a=2.000000,b=2.000000,c=3.000000
s=4.000000,v=12.000000
```

1.4　测　试　题

1. 阅读程序写出执行结果

（1）下列程序的运行结果为＿＿＿＿＿＿。

```
#include<stdio.h>
void main()
{
    int a=100;
    float x=200.0;
```

```
    printf("a=%3d,x=%6.3f\n",a,x);
    printf("x=%6.3e\n",x);
}
```

（2）下列程序的运行结果为_____。

```
#include<stdio.h>
void main()
{
    printf("\102 \x43 D\n");
    printf("E\b=\n");
    printf("I say:\"How do you do?\"\n");
    printf("\\C program\\\n");
    printf("Turbo \'C\'");
}
```

2. 程序填空

编制程序对实数 a 与 b 进行加、减、乘、除计算，要求显示如下结果：

jia=70.000000

jian=30.000000

cheng=1000.000000

chu=2.5000000

程序代码如下：

```
#include <stdio.h>
void main(void)
{
    ①   a=50.0, b=20.0;
    printf("  ②  ",  ③  );
    printf("  ④  ",  ⑤  );
    printf("  ⑥  ",  ⑦  );
    printf("  ⑧  ",  ⑨  );
}
```

3. 编程实验题

（1）请编写一个程序，能显示出以下两行文字。

I am a student.

I love China.

（2）输入半径，求圆的面积，并输出。（圆周率为 3.14159）

（3）输入梯形上边长、下边长及高度，计算梯形面积，并输出。

（4）输入一个三角函数的度数，计算出 sin 或 cos 函数的值并输出。

（三角函数的计算采用弧度：度数 × 3.1415926/180 ）

4. 调试与改错

```
（1）#include<stdio.h>
    void main()
    {
        int x,y;
        scanf("%d,%d",x,y);
        printf("%d\n",x+y);
    }
```

```
（2）#include<stdio.h>
    void main()
    {
        float x,y;
        scanf("%d",x,y);
        printf("%f\n",x+y);
    }
```

（3）
```
#include<stdio.h>
void main()
{
    int a;
    scanf("%d",a)
    printf("%d\n",a);
}
```

（4）
```
#include<stdio.h>
void main()
{
    int x;
    float y;
    scanf("%d,%d",&x,&y);
    y=x+y;
    printf("%d\n",y);
}
```

第 2 章 数据类型和运算

2.1　知　识　要　点

1．常量与变量

（1）C 语言的数据类型

C 语言的数据类型如表 2-1 所示。

表 2-1　C 语言的数据类型

类　　型	说　　明	内存单元个数	取　值　范　围
char	字符型	1 字节	$0 \sim (2^8-1)$
int	整型	4 字节	$-2^{31} \sim (2^{31}-1)$
float	单精度实型	4 字节	$-3.4E+38 \sim 3.4E+38$
double	双精度实型	8 字节	$-1.7E+308 \sim 1.7E+308$

（2）标识符和关键字

标识符用来标识程序中的变量名、函数名、类型名、数组名、文件名以及符号常量名等。标识符的命名规则如下：

由字母（大小写皆可）、数字及下画线组成，且第一个字符必须是字母或下画线。

关键字是 C 的一种标识符，每个关键字都是系统规定好的，不能另做其他用途。

（3）常量

在程序运行过程中其值不可改变的量，称为常量。C 语言中的常量包括如下几种：

- 值常量：如-310、3.1415、'A'、'a'、"hello"等。
- 用户自定义的符号常量：如#define PI 3.14。
- 系统提供的符号常量：如 NULL、EOF 等。

（4）转义字符

转义字符是一种特殊的字符常量。

例如：printf("%c, %c\n", '\' ', '\\');

输出结果是单引号和斜杠两个字符。

（5）变量

值可以改变的量称为变量，所有变量在使用前必须先定义。定义变量的同时赋初值，如 int x=0, y=0；

变量赋值格式如下：

变量名=表达式；

2. 运算符的优先级和结合性

运算符的优先级和结合性如表 2-2 所示。

表 2-2　运算符的优先级和结合性

优先级	运算符	含　义	目　数	结合性
1	!	逻辑非运算符	1	右结合
	~	按位取反运算符		
	++	自增运算符		
	--	自减运算符		
	-	取负运算符		
	+	取正运算符		
	(类型)	类型转换运算符		
	*	指针运算符		
	&	地址运算符		
	sizeof	数据类型长度运算符		
2	*	乘法运算符	2	左结合
	/	除法运算符		
	%	求余运算符		
3	+	加法运算符	2	左结合
	-	减法运算符		
4	<<	左移运算符	2	左结合
	>>	右移运算符		
5	< 、<= 、> 、>=	小于、小于等于、大于、大于等于运算符	2	左结合
6	==	相等运算符	2	左结合
	!=	不相等运算符		
7	&	按位与运算符	2	左结合
8	^	按位异或运算符	2	左结合
9	|	按位或运算符	2	左结合
10	&&	逻辑与运算符	2	左结合
11	||	逻辑或运算符	2	左结合
12	? :	条件运算符	3	右结合
13	= += -= *= /= %= ^= |=	赋值运算符	2	右结合
14	,	逗号运算符	2	左结合

2.2　习　题　解　答

1. 把下列数学表示式写成 C 语言表达式

（1）$x + y \neq a + b$ 　　　　（2）$e^3 + \sqrt{(2x + 3y)}$ 　　　　（3）$(\ln 10 + xy)^3$

（4）$|x-y|+\dfrac{x+y}{3x}$ （5）$\dfrac{\sin(\omega\pi)}{\cos 45°+3x^y}$ （6）$\dfrac{1}{\dfrac{1}{r_1}+\dfrac{1}{r_2}+\dfrac{1}{r_3}}$

解：

C 语言表达式分别如下

（1）(x+y)!=(a+b)

（2）exp(3)+sqrt(2*x+3*y)

（3）pow((log10+x*y),3)   // pow(2,3)求 23，结果为 8

（4）fabs(x-y)+(x+y)/(3*x)

（5）sin(ω*3.14)/(cos(3.14/4)+3*pow(x,y))

（6）1.0/(1.0/r1+1.0/r2+1.0/r3)

2. 用 C 语言表达式来描述以下语句

（1）a 和 b 中有一个大于 d。

（2）将 x、y 中大的值送给 z。

（3）将直角坐标系中点(x, y)表示在第 3 象限内。

（4）3 个数据 x、y、z 能组成三角形。

（5）d 是不大于 100 的偶数。（提示：d 应同时满足大于 0、小于等于 100、被 2 整除。）

（6）x、y 中至少有一个是 5 的倍数。

解：

（1）(a>d)||(b>d)

（2）z=(x>y)?x:y

（3）x<0&&y<0

（4）((x+y)>z)&&((x+z)>y)&&((y+z)>x)

（5）(d>=0)&&(d<=100)&&(d%2==0)

（6）(x%5==0)||(y%5==0)

3. 阅读程序写出执行结果

（1）下列程序的运行结果为＿＿＿＿＿＿＿＿。

```c
#include<stdio.h>
void main()
{
    int a=2,b=3,c;
    c=a++-1;
    printf("%d,%d,",a,c);
    c*=a+(++b||++c);
    printf("%d,%d\n",a,c);
}
```

解：输出的结果是

3,1,3,4

（2）下列程序的运行结果为＿＿＿＿＿＿＿＿。

```
#include<stdio.h>
void main()
{
  int a;
  a=1+2*5-3;  printf("%d,",a);
  a=3+4%5-6;  printf("%d,",a);
  a=-3*4%-6/5; printf("%d,",a);
  a=-(5+3)%4/2; printf("%d\n",a);
}
```

解：输出的结果是

8,1,0,0

（3）下列程序的运行结果为_____。

```
#include <stdio.h>
void main()
{
  int a=1;
  char c='a';
  float f=2.0;
  printf("%d,",(a+2,c+2));
  printf("%d,",(f>=c));
  printf("%d,",(f!=0&&c=='A'));
  printf("%d,",(a<0?1:2));
  printf("%f\n",(f+2.5));
}
```

解：输出的结果是

99,0,0,2,4.500000

4. 程序填空

（1）以下程序要求从键盘输入一个字符，如果输入的是英文大写字母，则将它转换成小写字母后输出，否则输出原来输入的字符。

```
#include<stdio.h>
void main()
{
  char ch;
  printf("input ch:");
  scanf("%c",&ch);
  ch=_____①_____
  printf("%c\n",ch);
}
```

解：① (ch>='A'&&ch<='Z')?ch+32:ch;

（2）以下程序要求从键盘输入 3 个整数，分别存入 x、y、z 三个变量中，并将(x+y)*z 的结果显示出来。

```
#include<stdio.h>
void main()
{
  int x,y,z,result;
```

```
    scanf("x=%d,y=%d,z=%d",&x,&y,&z);
            ①
    printf("%d",_____②_____);
}
```

解：① result=(x+y)*z;   ② result

5. 编程实验题

（1）编写程序输入长方形的长和宽，求长方形的面积和周长并输出，要求用浮点型数据处理。

【程序代码】

```
#include <stdio.h>
void main()
{
    float a,b,length,area;
    scanf("a=%f,b=%f",&a,&b);
    length=(a+b)*2;
    area=a*b;
    printf("length=%f,area=%f\n",length,area);
}
```

（2）编写程序将输入的英里转换成公里。已知每英里等于 5 280 英尺，每英尺等于 12 英寸，每英寸等于 2.54 厘米，每公里等于 100 000 厘米。

【程序代码】略。

（3）编写程序输入年利率 i 和存款本金 s，计算一年后的本息合计并输出。

【程序代码】

```
#include<stdio.h>
void main()
{
    float s,i,total;
    scanf("s=%f,i=%f",&s,&i);
    total=s*(1+i);
    printf("total=%f",total);
}
```

（4）编写程序，求圆柱体的表面积和体积。

【程序代码】略。

2.3 常见错误和难点分析

1. 注意数据的取值范围

计算机上使用的 C 语言编译系统，对一个字符型数据分配一个字节的内存空间，因此字符型数据的取值范围是 $0 \sim 2^8-1$，即 $0 \sim 255$。例如，有下列程序段：

```
int a=285;
char ch=a;
printf("%d",ch);
```

运行程序得到的结果是 29，原因是 285 已经超过 255。一个字节容纳不了 285，需要将高位截去。

```
285: 00000001 00011101
29: 00011101
```

此类错误请初学者注意，随着系统字长的变化，分配给数据的内存空间也会随之变化，应学会具体问题具体分析。

2. 自增、自减表达式的计算方法

自增、自减表达式的计算方法一般分为两种情况：

（1）自增、自减表达式作为 void main() 的一般语句出现。例如：

```
#include<stdio.h>
void main()
{
    int i=2,j;
    j=(i++)+(--i);
    printf("i=%d,j=%d\n",i,j);
}
```

C-Free 编译环境下的运行结果：

i=2，j=2

（2）自增、自减表达式作为 printf() 函数的输出表项出现。例如：

```
#include<stdio.h>
void main()
{
    int i=2,j;
    printf("i=%d,j=%d\n",i,j=(i++)+(--i));
}
```

C-Free 编译环境下的运行结果：

i=2，j=2

上述两种情况在不同的编译环境下会有不同的结果，计算方法也不相同，请初学者重点理解和掌握自增自减表达式的计算方法。

2.4　测　试　题

1. 阅读程序写出执行结果

（1）下列程序的运行结果为＿＿＿＿＿＿＿。

```
#include<stdio.h>
void main()
{
    int a=4,k;
    printf("%d,%d\n",(a--)+(a--),a);
    a=4;
    printf("%d,%d\n",(--a)+(--a),a);
    a=4;
    k=(a--)+(--a);
    printf("%d,%d\n",k,a);
```

```
    a=4;
    k=(--a)+(++a);
    printf("%d,%d\n",k,a);
}
```

（2）下列程序的运行结果为＿＿＿＿＿＿＿。

```
#include<stdio.h>
void main()
{
    int a=8,b=1;
    a+=b+1;
    printf("a=%d\n",a);
    a/=b+1;
    printf("a=%d\n",a);
    a<<=b+1;
    printf("a=%d\n",a);
    a&=b+1;
    printf("a=%d\n",a);
    a∧=b+1;
    printf("a=%d\n",a);
}
```

（3）下列程序的运行结果为＿＿＿＿＿＿＿。

```
#include<stdio.h>
void main()
{
    char ch;
    int i;
    float f;
    double d;
    ch='A';
    i=1;
    f=2.0;
    d=2.5;
    printf("%5.2f",ch/i+f*d-(f+i));
}
```

（4）下列程序的运行结果为＿＿＿＿＿＿＿。

```
#include<stdio.h>
void main()
{
    int a=-20;
    printf("a=%x\n",a);
}
```

2. 程序填空

编写程序输入三个数，求它们的平均值并输出，用浮点数据处理。

```
#include<stdio.h>
void main()
{
    double a,b,c,sum;
```

```
printf("Enter three double:\n");
scanf(_____①_____ ,&a,&b,&c);
_____②_____
printf("average=%lf\n",_____③_____ );
}
```

3. 编程实验题

（1）编写程序，从键盘上接收一个三位的整数（100～999），计算出各位数字之和输出。

（2）编写程序，从键盘上接收一个小写字母，然后将其转换成大写字母输出。

（3）编写程序，读入一个长方体的长、宽、高，计算该长方体的表面积和体积。

4. 调试与改错

（1）指出下列程序错误并改正。

```
#include stdio.h
void main();
float r=5.0,s;
s=3.14159×r×r;
printf("%f\n",a)
```

（2）指出下列程序错误并改正。

```
main
{
    float a,b,c,v;
    a=2.0; b=3.0; c=4.0;
    v=a*b*c;
    printf("%f\n",v);
}
```

（3）指出下列程序错误并改正。

```
#include{stdio.h}
void main()
{
    double f;
    printf("Enter an double: ");
    scanf("%d",f);
    printf("f=%f\n",f);
}
```

第 **3** 章

顺序和选择结构程序

3.1 知 识 要 点

选择（分支）结构程序语句分为单分支、双分支和多分支三种形式，而 switch 语句只适用描写多分支形式。

1. if 语句的使用

① if 后面的表达式一般为关系表达式或逻辑表达式，也可以是 C 语言中的任何一种其他表达式。例如，以下的几种形式都是合法的：

```
if (5) …                      //常数 5（非 0）表示条件成立
if (x) …                      // x 为非 0 时表示条件成立，否则条件不成立
if (r=n%m) …                  //根据赋值表达式的值（即赋给 r 的值）决定条件是否成立
if (( c=getchar())!='\n') …   //输入的字符不等于回车换行时表示条件成立
```

② 在 if 和 else 后面可以只有一条语句，也可以有多条语句，此时要用花括号将多条语句括起来构成一个复合语句。例如：

```
if(a>b)
{
   t=a;
   a=b;
   b=t;
}
```

③ 当 if 语句嵌套使用时，要注意 if 与 else 的配对关系。else 总是与它上面最近的未配对的 if 配对。如果 if 与 else 的数目不一样，可以加花括号来确定配对关系。

2．switch 语句的使用

switch 语句的一般格式：

```
switch( 表达式 )
{
   case 常量表达式 1:   语句组 1
   case 常量表达式 2:   语句组 2
   ⋮
   case 常量表达式 n:   语句组 n
   default:            语句组 n+1
}
```

说明：

① switch 后面的表达式在 ANSI 标准中允许为任何类型，但通常为整型或字符型，case 后面的常量表达式则为整数或字符。

② 各个 case 和 default 的出现顺序可以是任意的，但各个常量表达式的值必须互不相同。

③ 执行完一个 case 后面的语句组后，流程控制转移到下一个 case 继续执行。因此，为了使多分支结构的程序得以实现，通常在语句组的最后加上 break 语句。

④ 多个 case 可以共用一个语句组，例如：

```
      ...
case 'A':
case 'B':
case 'C': printf (">60\n");break;
```

3.2　习　题　解　答

1. 问答题

（1）分析下列 3 个程序段并回答问题。

程序段 1：

```
int a=0,x=7;
if(a==0) a=x;
printf("%d,%d",a,x);
```

程序段 2：

```
int a=0,x=7;
if(a=0) a=x;
printf("%d,%d",a,x);
```

程序段 3：

```
int a=0,x=7;
if(a=x) a=x;
printf("%d,%d",a,x);
```

① 3 个程序段的输出结果分别是什么？

② if(a==0)与 if(a=0)的区别是什么？

解：

① 3 个程序段的输出结果分别是

7,7　　　0,7　　　7,7

② if(a==0)与 if(a=0)的区别如下

if(a==0)判断变量 a 的值是否等于 0，而 if(a=0)是先给变量 a 赋值为 0，再判断变量 a 的值非 0 否，因此 if(a=0)总是假，而对 if(a==0)，当 a 的值为 0 则为真，否则为假。

（2）分析以下程序并写出输出结果。如果要求程序执行后变量 a 存放最小的数，如何修改程序？

```
#include<stdio.h>
void main()
{
    int a=8,b=7,c=9;
    if(a<b) a=b;
    if(a<c) a=c;
    printf("%d,%d,%d",a,b,c);
}
```

解：输出的结果是

9，7，9

注意：变量 a 中原来的值被修改。

如果要求程序执行后变量 a 存放最小的数，程序修改如下：

```c
#include<stdio.h>
void main()
{
    int a=8,b=7,c=9;
    if(a>b) a=b;
    if(a>c) a=c;
    printf("%d,%d,%d",a,b,c);
}
```

（3）分析以下程序段，当 x 的值分别为 5，0，-5 时，变量 y 的值分别是多少？

```c
y=7;
if(!x)
    y=0;
else
    if(x>0) y=1;
    else y=-1;
```

解：当 x 的值分别为 5，0，-5 时，变量 y 的值分别是：

 1 , 0 , -1

（4）分析下列程序，当对 x 分别输入 5，2，4 时，程序的输出结果是多少？

```c
#include<stdio.h>
void main()
{
    int x;
    scanf("%d",&x);
    switch(x%5)
    {
        case 0: printf("%2d",x++);
        case 1: printf("%2d",++x);
                break;
        case 2: printf("%2d",--x);
        case 3: printf("%2d",x--);
        default: printf("%2d",x);
    }
}
```

解：对 x 输入 5，程序输出结果是：

    5 7

　对 x 输入 2，程序输出结果是：

 1 1 0

　对 x 输入 4，程序输出结果是：

    4

2. 阅读程序写出执行结果

（1）下列程序的运行结果为＿＿＿＿＿＿。

```c
#include<stdio.h>
void main()
{
```

```
    int x=-8;
    if(x%2)
        printf("%d 是奇数\n",x);
    else
        printf("%d 是偶数\n",x);
}
```

解： 输出的结果是：

-8 是偶数

（2）分析下列程序给出有关结果。

```
#include<stdio.h>
void main( )
{
    int i,j,k;
    scanf("%d",&i);
    j=k=0;
    if((i/10)>0)                    // 第 7 行
        j = i;
    if((i!=0) && (j==0))
        k=i;
    else
        k=-1;                       // 第 12 行
    printf("j=%d,k=%d\n",j,k);
}
```

① 程序运行时，输入 5，输出为_____。

A、j=0,k=5　　　　B、j=5,k=5　　　　C、j=0,k=-1　　　　D、j=5,k=-1

② 程序运行时，输入 99，输出为_____。

A、j=99,k=-1　　　B、j=0,k=-1　　　　C、j=0,k=99　　　　D、j=99,k=99

③ 将第 12 行改为 " k = -1; j=i/10; " 后，程序运行时，输入 99，输出为_____。

A、j=99, k=-1　　　B、j=9,k=99　　　　C、j=99,k=99　　　　D、j=9,k=-1

④ 将第 7 行改为 "if((i/10) > 0){ "，第 12 行改为 "k = -1;} " 后，程序运行时，输入 5，输出为_____。

A、j=0,k=-1　　　　B、j=0,k=0　　　　C、j=5,k=5　　　　D、j=5,k=-1

解： ① A　　　② A　　　③ D　　　④ B

（3）下列程序，输入大写字符 A 时输出结果为_____，输入小写字符 b 时输出结果为_____，输入字符 E 时输出结果为_____。

```
#include<stdio.h>
void main()
{
    char grade;
    scanf("%c",&grade);
    switch(grade)
    {
        case 'A':printf("优: 90-100\n");break;
        case 'B':printf("良: 80-89\n");break;
        case 'C':printf("一般: 60-79\n");break;
```

```
      case 'D':printf("差: 0-59\n");break;
      default:printf("数据有误\n");break;
   }
}
```

解：输入大写字符 A 时输出结果为优：90-100；

输入小写字符 b 时输出结果为数据有误；

输入字符 E 时输出结果为数据有误。

3．程序填空

（1）以下程序的功能是将变量 x、y、z 中的最小值保存到 x 中。

```
#include<stdio.h>
void main()
{
   int x=28,y=27,z=29;
   if(x>y)  x=y;
   _____①_____;
   printf("%d,%d,%d",x,y,z);
}
```

解：① if(x>z) x=z

（2）以下程序的功能是判断输入字符是大写字母、小写字母、还是数字，并输出相应信息。

```
#include<stdio.h>
void main()
{
   char c;
   printf("输入 1 个字符\n");
   c=getchar();
   if(c>='A'&&c<='Z')
      printf("是大写字母\n");
   _____①_____ (c>='a'&&c<='z')
      printf("是小写字母\n");
   else if (_____②_____)
      printf("是数字字符\n");
   else
      printf("其他字符\n");
}
```

解：① else if   ② c>='0'&&c<='9'

（3）以下程序的功能是对任意输入一个 3 位整数，倒序输出该数据，如：输入 123 输出 321，输入 -123 输出 -321。

```
#include<stdio.h>
#include<math.h>
void main()
{
   int x,c1,c2,c3,y;
   scanf(_____①_____);
   y=abs(x);
   c1=y/100;
   c2=y/10%10;
```

```
    c3=_____②_____
    y=c3*100+c2*10+c1;
    if(x>=0)
    _____③_____
    else
       printf("%d\n",-y);
}
```

解： ① `"%d",&x`　　　　② `y%10;`　　　③ `printf("%d\n",y);`

4．编程实验题

（1）编写程序计算分段函数 y 的值。

$$y = \begin{cases} x^3 + 3x & (x \geq 0) \\ x^2 + x & (x < 0) \end{cases}$$

【分析】

对于 x 的不同取值，函数值 y 也不同。因此，对于输入的 x 值，要进行判断，以确定要用哪个分支计算函数 y 的值。

【程序代码】

```c
#include<stdio.h>
void main()
{
    float  x,y;
    scanf ("%f",&x);
    if (x>=0)
        y =x*x*x+3*x;
    else
        y=x*x+x;
    printf ("y=%f\n",y);
}
```

（2）编写程序计算分段函数 y 的值。

$$y = \begin{cases} x^2 - 4 & (x \leq 0) \\ x^2 + 4 & (x > 0) \end{cases}$$

【分析】

本题编写程序的方法同第 1 题类似。

【程序代码】略。

（3）求两数中的最大值。

【分析】

比较数的大小，通常要设置一个存放最大数的变量 max，对于输入的 a 和 b 的值进行比较，将两者中大的值存入变量 max。

【程序代码】

```c
#include<stdio.h>
void main()
{
```

```
    int  a,b,max;
    scanf ("%d,%d",&a,&b);
    if (a>b)
      max=a;
    else
      max=b;
    printf ("max=%d\n",max);
}
```

（4）求两数中的最小值。

【分析】

本题编写程序的方法同第3题类似。

【程序代码】略。

（5）输入一个字符，若为小写字母，则转换为大写字母输出；若为大写字母，则转换为小写字母输出；否则输出提示信息"输入的不是字母"。

【分析】

从 ASCII 码表中可以得知，大写字母的 ASCII 码与小写字母的 ASCII 码之差为 32。即大写字母 A 的 ASCII 码加上 32 就可得到小写字母 a 的 ASCII 码。

【程序代码】

```
#include<stdio.h>
void main()
{
    char  c1,c2;
    scanf ("%c",&c1);        //输入一个字符
    if(c1>='A'&&c1<='Z')
    {
        c2=c1+32;
        printf("%c 转换为小写字母是%c",c1,c2);
    }
    else if(c1>='a'&&c1<='z')
    {
        c2=c1-32;
        printf("%c 转换为大写字母是 %c",c1,c2);
    }
    else
        printf("输入的不是字母");
}
```

（6）使用 switch 语句编写程序计算货物的运输收费。计算公式为：f=p*w*s*d。

其中：f 为总运输费，p 为每吨公里货物运费，w 为货物重量，s 为公里数，d 为费用折扣，折扣标准如下：

s＜500 km	没有折扣
500 km ≤s＜1000 km	2%折扣
1000 km≤s＜2000 km	5%折扣
2000 km≤s＜3000 km	10%折扣
3000 km≤s＜5000 km	15%折扣
5000 km≤s	20%折扣

【分析】

程序运行时应先输入 p，w，s 三项基本数据，利用整除的特性，把距离 s 的值除以 500 取商作为 switch 语句的判断条件，按折扣标准求出折扣 d，最后计算出总费用 f。

【程序代码】

```c
#include<stdio.h>
void main()
{
    float f,p,w,s,d;
    printf("请输入p,w,s的值\n");
    scanf("%f,%f,%f",&p,&w,&s);
    switch (( int )s/500)
    {
        case 0:d=1;break;
        case 1:d=1-0.02;break;
        case 2:
        case 3:d=1-0.05;break;
        case 4:
        case 5:d=1-0.1;break;
        case 6:
        case 7:
        case 8:
        case 9:d=1-0.15;break;
        default:d=1-0.2;
    }
    f=p*w*s*d;
    printf("总运输费为:%f\n",f);
}
```

3.3　常见错误和难点分析

1. 常见错误和难点分析

（1）if 语句后面表达式的写法。

如果表达式是关系表达式，等式中的等号不能写成赋值号。

例如：判 x 等于 0 是否成立，不能写成 if（x = 0），因为，无论 x 原来是什么值，被 0 赋值后，表达式永远为假。

（2）if(x)表达式的含义。

当 x 为不同的数据类型的时，if(x)分别对应以下的不同形式：

当 x 为整型时，等价于 if(x!=0)；

当 x 为字符型时，等价于 if(x!='\0')；

当 x 为指针时，等价于 if(x!=NULL)；

（3）if 和 else 配对使用的正确写法。

在 if 语句的三种形式中，无论哪种形式，if 和 else 后面各只有一条语句（即：空语句、单语句、复合语句），因此，在 if 和 else 之间只能有一条语句，否则出现语法错误，例如：

```
if(a>b)
   t=a;
   a=b;
      b=t;
      printf("%d<=%d",a,b);
    else
      printf("%d<=%d",a,b);
```

以上程序段语法上和逻辑上都有错，if 和 else 之间的 4 条语句应构成一条复合语句才是正确的。

（4）多分支选择结构。

在多分支选择结构中，无论在哪种情况下，程序运行时最先执行的是首先满足条件的那个分支，如果是 else if 形式的多分支结构，则该分支执行完，整个多分支结构也就执行完了。因此在表示多个条件时，应该从最小或最大的条件开始依次表示，避免逻辑上的错误。

例如：给出一个百分制成绩，输出成绩等级'A'、'B'、'C'、'D'、'E'。判断条件为 90 分以上为'A'，80 ~ 89 分为'B'，70 ~ 79 分为'C'，60 ~ 69 分为'D'，60 分以下为'E'。以下的三种表示方法都没有语法错误，但执行后结果不同，请分析哪些正确？哪些是错误的？

方法一：

```
if(score>=90)
 grade='A';
else if(score>=80 )
 grade = 'B';
else if(score>=70)
 grade='C';
else if(score>=60)
 grade='D';
else
 grade='E';
printf("等级为%c",grade);
```

方法二：

```
if(score>=60)
grade='D';
else if(score>=70)
grade ='C';
else if(score>=80)
grade ='B';
else if(score>=90)
grade ='A';
else
grade ='E';
printf("等级为%c",grade);
```

方法三：

```
if(score>=90)
grade ='A'
else if (80<=score<90)
grade = 'B';
else if(70<=score<80)
grade ='C';
```

```
else if(60<=score<70)
grade ='D';
else
grade ='E';
printf("等级为%c",grade);
```

以上的三种表示方法中，方法一正确，方法二和方法三错误。方法二的错误是没有从最小或最大的条件开始表示。例如，给出百分制成绩为 85 或 70 或 95，第一个条件 score >= 60 都满足，执行 grade = 'D';，得到与实际不相符的结果。方法三的错误是逻辑表达式错。例如，给出百分制成绩为 85 或 70 或 45，第二个条件 80 <= score < 90 都满足，执行 grade = 'B';，得到与实际不相符的结果。

对以上给出一个百分制成绩，输出成绩等级'A'、'B'、'C'、'D'、'E' 的例子也可使用 switch 语句来实现。但要注意 switch 语句的使用规则，对以下的三种表示方法，请分析哪些正确？哪些有错？

方法一:

```
switch((int)(score/10))
{
case 10:
case 9: grade='A';break;
case 8: grade='B';break;
case 7: grade='C';break;
case 6: grade='D';break;
default: grade='E';
}
printf("等级为%c",grade);
```

方法二:

```
switch ((int)(score/10))
{
case 10:
case 9: grade ='A';
case 8: grade ='B';
case 7: grade ='C';
case 6: grade ='D';
default: grade ='E';
}
printf("等级为%c",grade);
```

方法三:

```
switch((int)(score/10))
{
case 10:
case 9: grade='A';break;
case 6: grade='D';break;
case 8: grade='B';break;
case 7: grade='C';break;
default: grade='E';
}
printf("等级为%c",grade);
```

2．改错与调试

（1）以下程序对输入的一个字符，判断其是英文字母、空格、数字字符还是其他字符。程序中有 2 个语句行有错，找出并改正。

```
#include<stdio.h>
void main()
{
   char  c;
   scanf("%c",&c);              // 输入一个字符
   if ('A'<=c<='Z'||'a'<=c<='z')
      printf("是英文字母");
   else if(c==' ')
      printf("是空格字符");
   else if ('0'<=c<='9')
      printf("是数字字符");
   else
      printf("是其他字符");
}
```

程序中

```
if('A'<=c<='Z'||'a'<=c<='z')
```

和

```
else if ('0'<=c<='9')
```
有错，改为正确的是：

```
if('A'<=c&&c<='Z'||'a'<=c&&c<='z')
```

和

```
else if('0'<=c&&c<='9')
```

（2）以下程序对输入的一个字符，判断其是英文元音字母还是其他字符，是元音字母，打印输出相应的信息。程序中有 3 处错误，找出并改正。

```
#include<stdio.h>
#include<ctype.h>
void main()
{
   char  c;
   scanf("%c",&c);
   switch(tolower(c))          // tolower()函数将大写字母转换成小写字母
   {
     case 'A':printf("是元音字母 a");break;
     case 'e':printf("是元音字母 e");break;
     case i:  printf("是元音字母 i");break;
     case 'o':printf("是元音字母 o");break;
     case 'u':printf("是元音字母 u");
     default: printf("是其他字符");
   }
}
```

程序中

```
case 'A':、case i:
case 'u':printf("是元音字母 u"); //有错
```

改为正确的是：

```
case'a':、case'i':
case'u':printf("是元音字母 u");break;
```

3.4　测　试　题

1. 阅读程序写出执行结果

（1）若执行下面的程序时从键盘上输入 5，则输出的结果为_____。

```
#include<stdio.h>
void main()
{
    int x;
    scanf("%d",&x);
    if(x++>5) printf ("%d\n",++x);
    else  printf("%d\n",x--);
}
```

（2）下列程序的运行结果为_____。

```
#include<stdio.h>
void main()
{
    int x=100,a=10,b=20,k1=5,k2=0;
    if(a<b)
      if(b!=5)
        if(!k1)x=1;
      else
        if(k2)x=10;
     printf("x=%d\n",x);
    }
```

（3）下列程序的运行结果为_____。

```
#include<stdio.h>
void main()
{
    int x=5;
    switch(x%5)
      {
        case 0:
        case 1:printf("%d\n",x+4);
        case 2:printf("%d\n",x+3);break;
        case 3:printf("%d\n",x+2);
        default:printf("%d\n",x+1);break;
      }
}
```

2. 程序填空

（1）以下程序对输入的考试分数进行处理，若分数≥90，则输出"优秀"，若60≤分数<90，则输出"及格"，否则输出"不及格"。

```
#include<stdio.h>
void main()
{  int x;
   scanf("%d",&x);
   if( _____①_____ )  printf("优秀");
   _____②_____  (x>=60)  printf("及格");
   else  printf("不及格");
}
```

（2）以下程序对给出一个百分制成绩，输出成绩等级 A、B、C、D、E。90 分以上为 A，80 ~ 89 分为 B，70 ~ 79 分为 C，，60 ~ 69 分为 D，60 分以下为 E。

```
#include<stdio.h>
void main()
{
   int score;
   char grade;
   scanf ("%d",&score);
   switch ( _____①_____ )
   {  case 10:
      case 9:  _____②_____
      case 8:  grade='B';break;
      case 7:  grade='C';break;
      case 6:  grade='D';break;
      default:  _____③_____
   }
   printf("\n 成绩等级:%c",grade);
}
```

3. 编程实验题

（1）输入两个整数分别给变量 x、y，判断 x 和 y 的大小并输出相关信息。

（2）输入三个整数分别给变量 a、b、c，找出其中最大的整数并输出。

（3）输入一个实数给变量 x，按下列公式计算并输出 y 的值。

$$y=\begin{cases} \sin x+\sqrt{x^2+1} & x\neq 0 \\ \cos x-x^3+3x & x=0 \end{cases}$$

（4）计算各类币值张数问题，输入人民币数额，统计 100，50，20，10，5，1 圆的币值各多少张。

（5）输入三角形的三条边，根据其值判断能否构成三角形。若能构成三角形，还要显示构成的是：等边三角形、等腰三角形还是任意三角形。

（6）使用 switch 语句编写程序，对输入一个百分制成绩，若成绩为 90 分以上输出"优"，若成绩为 80 ~ 89 分输出"良"，若成绩为 70 ~ 79 分输出"中"，若成绩为 60 ~ 69 分输出"及格"，若成绩为 60 分以下输出"不及格"。

4. 调试与改错题

（1）以下程序对输入的两个整数 a、b，按由小到大的顺序输出。程序中有两处错误，找出并改正。

```
#include<stdio.h>
void main()
{
    int a,b;
    scanf("%d,%d",a,b);
    if(a>b)
        t=a;
        a=b;
        b=t;
        printf("%d<%d\n",a,b);
    else
        printf("%d<%d\n",a,b);
}
```

（2）以下程序的功能是对任意输入的一个 3 位整数，判断各个位数之和是否等于 6，是则输出 "满足条件"，否则输出 "不满足条件"。 程序中有两处错误，找出并改正。

```
#include<stdio.h>
void main()
{
    int x,c1,c2,c3,y;
    scanf("%d",&x);
    c1=x/100;
    c2=x/10%10;
    c3=x/10;
    y=c3+c2+c1;
    if(y=6)
        printf("满足条件\n");
    else
        printf("不满足条件\n");
}
```

第 4 章 循环结构程序

4.1 知 识 要 点

循环结构程序有两种形式，一种是先判断条件后执行语句的当型循环，另一种是先执行语句后判断条件的直到型循环。C 语言提供了三种表示形式，即当型的 while 语句、for 语句和直到型的 do...while 语句。

1. 循环语句的使用

（1）for 循环和 while 循环的循环体可能一次都不被执行；do...while 循环的循环体至少被执行一次。

（2）for 循环不仅可以用于循环次数已经确定的情况，也可以用于循环次数不确定的情况；for 循环的三个表达式可以是 C 语言的任何一种表达式，也可以都缺省，但三部分的分号不能省。

（3）使用 while 循环和 do...while 循环时，一般在循环开始之前，要对与循环条件有关的变量赋初值，如果在循环体中没有使用 break 语句终止循环，那么在循环体中则应有改变循环条件的语句，否则会出现死循环。

（4）使用 C 语言的三种循环时，要特别注意循环体的正确表示，是复合语句、单个表达式语句还是空语句。

例如：对于求 s=1+2+3+…+100 的和的程序，个别初学者编写成如下形式：

```
for (s=0,i=1;i<=100;i++);          // 此处的分号将导致循环体为空语句
s=s+i;
```

以上 for 循环的循环体是一个空语句，s 变量中的结果是 101，而不是 5050。

2. 辅助控制语句的使用

（1）break 语句

break 语句不但可以终止 switch 语句的运行，也可以终止循环语句的运行。例如：

```
for(k=1;k<=8;k++)
{
    if(k%4==0)
      break;                       //终止循环
    printf("k=%d\n",k);
}
printf("退出 for 循环时: k=%d\n",k);
```

以上程序段是已知 8 次的 for 循环，但实际只循环了 4 次，因为 k 等于 4 时，if 条件满足，

执行 break 语句终止了循环。在循环体中用 break 语句,一般应该与 if 语句配合使用。

(2) continue 语句

continue 语句只用在循环语句中,当循环体执行到 continue 时,就结束本次循环,不再运行循环体中 continue 语句后面的其他语句,强行进行下一次循环,但并不退出循环。例如:

```
for(s=0,k=1;k<=8;k++)
{ if(k%4==0)
    continue;                   //只结束本次循环
    s=s+k;
}
printf("退出 for 循环时:k=%d,s=%d\n",k,s);
```

以上程序段运行结果:

退出 for 循环时: k=9,s=24

当变量 k 的值循环到 4 和 8 时,表达式 k%4==0 为真,执行 continue 语句,s = s + k;不执行,本次循环结束,继续进行下次循环。

4.2 习 题 解 答

1. 问答题

(1) 下面程序段中哪些语句构成循环体,循环体共执行了几次?

```
k=70;
while(k=0)k=k-1;
```

解:语句 k = k-1;构成循环体。由于 while 括号内的表达式为 k = 0,变量 k 被 0 赋值,表达式为假,循环体执行了 0 次。

(2) 描述下列程序段的功能。

```
int n,m;
do{
    printf("input n,m:");
    scanf("%d,%d",&n,&m);
} while(n<0||m<0);
```

解:以上程序段的功能是输入两个正整数给变量 n 和 m 。

(3) 下列程序段的输出结果是什么?

```
int i,j,k,s;
i=0,j=10,k=2,s=0;
for(;;)
{
    i+=k;
    if(i>j)
    {
        printf("%d\n:",s);
        break;
    }
    s=s+i;
}
```

解： 输出的结果是

30

（4）运行下列程序段的输出结果是什么？

```c
int i;
for(i=1;i<6;i++)
{
    if(i%2)
    { printf("#"); continue; }
    printf("*");
}
```

解： 输出的结果是

\# * \# * \#

2. 阅读程序写出执行结果

（1）下列程序的运行结果为＿＿＿＿＿＿。

```c
#include<stdio.h>
void main()
{
    int count=0,n=4;
    for(;n<=10;n++)
    {
        if(n%5)continue;
        count++;
    }
    printf("count=%d\n",count);
}
```

解： 输出的结果是

count=2

（2）下列程序的运行结果为＿＿＿＿＿＿。

```c
#include<stdio.h>
void main()
{
    int n,m,k,t,sum=0;
    n=4,m=1;
    while(m<=n)
    {
        t=1;
        for(k=1;k<=m;k++)    // for 循环计算 m 的 m 次方
          t*=m;
        sum+=t;
        m++;
    }
    printf("sum=%d\n",sum);
}
```

解： 输出的结果是

sum=288

（3）下列程序的运行结果为＿＿＿＿＿＿＿。

```c
#include<stdio.h>
void main()
{
    int i,j=1;
    for(i=1;j<10;i++)
    {
        if(j>5)break;
        if(j%2!=0)
            { j+=3;continue; }
        j+=2;
    }
    printf("i=%d,j=%d\n",i,j);
}
```

解：输出的结果是

 i=3,j=6

（4）下列程序的运行结果为＿＿＿＿＿＿＿。

```c
#include<stdio.h>
void main()
{
    int i,y;
    for(i=1,y=1;i<=20;i++)
    {
        if(y>=10)break;
        if(y%2==1)
            { y+=5; continue; }
        y-=3;
    }
    printf("i=%d,y=%d\n",i,y);
}
```

解：输出的结果是

i=6,y=10

3．程序填空

（1）以下程序的功能是求出所有 3 位整数中，各个数位的数字之和等于 5 的整数并输出。

```c
#include<stdio.h>
void main()
{
    int n,ng,ns,nb;
    for(n=100;____①____;n++)
    { ng = n%10;
        ____②____;                    // 分解出十位数字
      nb=n/100;
      if(____③____ )
        printf("%d",n);
    }
}
```

解： ① n<1000　　　② ns= n/10%10　　　③ ng+ns+nb==5

（2）以下程序的功能是求 1 + 2/3 + 3/5 + 4/7 + 5/9 + …的前 20 项之和。

```
#include<stdio.h>
void main()
{
    int i,b=1;
    double  sum;
    _____①_____;
    for(i=1;i<=20;i++)
      { sum= _____②_____+(double)i/(double)b;  // (double)强制转换为实型数
         b= _____③_____
      }
    printf("sum=%f\n",sum);
}
```

解： ① sum=0　　　② sum　　　③ b+2 ；

（3）以下程序的功能是输出 100～200 之间的后 10 个素数。

```
#include<stdio.h>
void main()
{
    int n,x,t=0;                        // 变量 t 记录素数个数
    for (n=200;n>=100;____①____)
    { for(x=2;n%x!=0;x++);              // 若 n 被 x 整除，循环结束
       if(x==n)
       {_____②_____;
          printf("%d\t",n);}           // 输出素数 n
       if(t==10)
          _____③_____
    }
}
```

解： ① n--　　　② t++　　　③ break;

4．编程实验题

（1）编写程序输出 1000 以内，满足除 3 余 2 、除 5 余 3 和除 7 余 5 的所有的整数。

【分析】

本题简单的方法是使整数从 1 变化到 1000，即循环变量从 1 开始到 1000，依次判断是否除 3 余 2、除 5 余 3 和除 7 余 5，满足条件的就输出。

【程序代码】

```
#include<stdio.h>
void main()
{
    int  n;
    for (n=1;n<1000;n++)
      if(n%3==2&&n%5==3&&n%7==5 )
        printf("%d\t",n);
}
```

（2）编写程序输出能被 3 整除或能被 5 整除或能被 7 整除的所有 3 位整数。

【分析】使整数从 100 变化到 999，即循环变量从 100 开始到 999，依次判断是否整除 3，或整除 5，或整除 7，满足的就输出。

【程序代码】略。

（3）编写程序输出分数序列 2/1，3/2，5/3，8/5，13/8，21/13，…的前 20 项之和。

【分析】

由分数序列的表示可知，后一项的分母是前一项的分子，后一项的分子是前一项的分子和分母之和，由此可以利用前一项的分子和分母求得后一项的分子和分母。求前 20 项之和，设循环变量 i 从 1 开始递增到 20 即可。要注意表示分子、分母的变量应设置为实型。

【程序代码】
```c
#include<stdio.h>
void main()
{
    int  i;
    float  a=2,b=1,t,sum=0;
    for (i=1;i<=20;i++)
     {
        sum=sum+a/b;
        t=a;                 //  保存前一项分子的值
        a=a+b;               //  计算出后一项分子
        b=t;                 //  得到后一项分母
     }
    printf("sum=%f\n",sum);
}
```

（4）求 $1 + 1/2 + 1/4 + 1/7 + 1/11 + 1/16 + 1/22 + 1/29\cdots$，当第 i 项的值 $< 10^{-5}$ 时求和结束。

【分析】

由分数的表示可知，第 i 项的分母是前一项的分母加上表示有分母项开始的项数（即第 1 项为 1/2）。设求和变量 sum 初始值为 1，设变量 t 表示第 i 项的分母，t 初始值为 1，设循环变量 i 从 1 开始递增，判断循环是否终止条件为 1/t>=1e-5。

【程序代码】略。

（5）编写程序检查输入的算术表达式中括号是否配对，并显示相应的结果。

【分析】

程序编写采用边输入边统计的处理方法，即每输入算术表达式中的一个字符就处理，如果该字符是左括号，则计数变量加 1，如果该字符是右括号，则计数变量减 1，按[Enter]键结束算术表达式的输入。算术表达式输入结束，再根据计数变量中的值，显示相应的结果：计数变量中的值等于 0，左右括号配对，大于 0，左括号多于右括号，小于 0，右括号多于左括号。

【程序代码】
```c
#include<stdio.h>
void main()
{
    char  c;
    int  count=0;
    while((c=getchar())!='\n')        //输入一行字符以回车换行结束
     {
```

```
      if(c=='(' )
         count++;
      else if(c==')')
         count--;
   }
   if(count==0)
      printf("左右括号配对\n");
   else if(count>0)
      printf("左括号多于右括号\n");
   else
      printf("右括号多于左括号\n");
}
```

（6）输入一行字符，分别统计并输出其中英文字母、空格、数字字符和其他字符的个数。

【分析】

程序编写同第 5 题类似，也可以采用边输入边统计的处理方法，用整型变量 letters，space，digit， other 分别存放英文字母、空格、数字字符和其他字符的个数。

【程序代码】略。

（7）编写程序打印输出以下的字符图案：

```
               DDDDDDD
                CCCCC
                 BBB
                  A
                 BBB
                CCCCC
               DDDDDDD
```

【分析】

打印字符图案时，应找出每一行字符的个数与行数的关系。要打印输出以上的字符图案，可分两部分考虑，前四行与后三行。第一行上打印输出 0 个空格和 7 个字符 D，第二行上打印输出 1 个空格和 5 个字符 C，第三行上打印输出 2 个空格和 3 个字符 B，第四行上打印输出 3 个空格和 1 个字符 A。所以可以设变量 i 控制行，j 控制空格数，k 控制字符个数。后三行的打印输出可以同样考虑。

【程序代码】

```
#include<stdio.h>
void main()
{
   char  c;
   int  i,j,k;
   c='D';
   for(i=0;i<4;i++)                   // 输出前 4 行
     {  for(j=0;j<i;j++)             // 输出空格
          printf(" ");
        for(k=0;k<=6-2*i;k++)        // 输出字符
          printf("%c",c);
        printf("\n");                // 输出一行字符后换行
        c=c-1;                       // 生成下一行要输出的字符
```

```
        }
    c='B';
    for(i=1;i<4;i++)                    // 输出后 3 行
        { for(j=0;j<=2-i;j++)
            printf(" ");                // 输出空格
          for(k=0;k<=2*i;k++)
            printf("%c",c);             // 输出字符
          printf("\n");
          c=c+1;                        // 生成下一行要输出的字符
        }
    }
```

（8）编写程序打印输出以下的字符图案：

```
        A
       BBB
      CCCCC
     DDDDDDD
      CCCCC
       BBB
        A
```

【分析】

本题编写程序的方法同第（7）题类似。

【程序代码】略。

4.3 常见错误和难点分析

1．常见错误和难点分析

（1）不循环

出现不循环，原因主要是循环的条件、循环的书写格式出了问题。

```
例如：for(i=10;i<10;i++) { …}    // 循环的条件不满足，不循环。
     while(x=0) { …}              //循环的条件为假，不循环。
     for(i=1;i<=10;i++);
     { …}                         // ；是空语句，执行了 10 次，而{ …}只执行了 1 次。
```

（2）死循环

出现死循环主要是循环的步长和循环的条件设置有问题。

```
例如：for(i=1;i<10;i--) { …}     // 循环的步长设置问题，循环变量的值永远小于 10。
     for(i=1;i>0;i++) { …}       // 循环的条件设置问题，循环变量的值永远大于 0。
     while(x=5) { …}             // x 被 5 赋值，循环的条件总是真，死循环。
```

（3）循环变量的使用

在循环体中可以使用循环变量的值参加表达式的运算，但是不能修改循环变量的值，即不能给循环变量赋值，否则可能出现死循环。

```
例如：for(i=1;i<=10;i++)
        { …;i=i-1;…}             // 循环变量 i 被修改，使 i<=10 总是真，出现死循环。
```

（4）存放累加结果或连乘结果的变量如何赋初值

用循环计算累加或连乘时，存放结果的变量应该在循环语句前赋初值，否则计算结果错。

例如：对于求 sum=1+2+3+…+100 的和，如果编写成如下形式：

```
for(i=1;i<=100;i++)
{
    sum=0;
    sum=sum+i;
}
```

sum 变量中的结果是 100，而不是 5050。 因为 sum=0; 语句没有放置在循环语句前，而是放置在循环体内，每执行一次循环，sum 先被 0 赋值，再加 i，当循环结束时，sum 变量中存放的是循环变量 i 最后的值 100。

2．改错与调试

（1）以下程序的功能是：运行时输入 10 个数，然后分别输出其中的最大值、最小值。程序中有两处错误，找出并改正。

```
#include<stdio.h>
void main()
{
    float  x,j,max,min;
    for(j=1;j<=10;j++)
    {
        scanf("%f",&x);
        if(j =1) { max=x;min=x; }
        if(x>max)  max=x;
        if(x>min)  min=x;
    }
    printf("%f,%f\n",max,min);
}
```

程序中 if(j =1) 和 if(x>min)有错。

改为正确的是：

if(j==1) 和 if(x< min)

（2）以下程序的功能是：运行时输入 n，输出 n 的各位数字之和（ 如 n=1304 则输出 8;n=-2304 则输出 9）。程序中有两处错误，找出并改正。

```
#include<stdio.h>
#include<math.h>
void main()
{
    int n,s=0;
    scanf("%d",&n);
    n=fabs(n);
    while(n>1)
    {
        s=s+n%10;
        n=n%10;
    }
    printf("%d\n",s);
}
```

程序中 while (n > 1)和 n = n%10; 有错。

改为正确的是：

while(n>0) 和 n=n/10;

4.4 测 试 题

1. 阅读程序写出执行结果

（1）下列程序的运行结果为_____。

```c
#include<stdio.h>
void main()
{
    int count=0,n;
    for(n=1;n<=20;n++)
      {
        if(n%5==0)continue;
        count++;
      }
    printf("count=%d\n",count);
}
```

（2）下列程序的运行结果为_____。

```c
#include<stdio.h>
void main()
{
    int n,m,k,t,sum=0;
    n=4,m=1;
    while(m<=n)
    {
        t=1;
        for(k=1;k<=m;k++)
          t*=k;
        sum+=t;
        m++;
    }
    printf("sum=%d\n",sum);
}
```

（3）下列程序的运行结果为_____。

```c
#include<stdio.h>
void main()
{
    int  i;
    for (i=5;i>0;)
    {
        switch(i%2)
        {
          case 2: i--;break;
          case 4: i--;break;
        }
        i--;
```

```
        i--;
        printf("%3d",i);
    }
}
```

（4）下列程序的运行结果为_____。

```
#include<stdio.h>
void main()
{
    int a=10;
    while(a>0)
    {
        if(a/3==1)break;
        if(a%3==2)
          { printf("%d",a);a--;continue; }
        a--;
    }
}
```

2. 程序填空

（1）以下程序的功能是求 $1-3+5-7+\cdots-99+101$ 的值。

```
#include<stdio.h>
void main()
{
    int i,t=1,sum=0;
    for (i=1;i<=101;    ①    )
    {
      sum=sum+t*i;
          ②    ;
    }
    printf("sum=%d",sum);
}
```

（2）以下程序的功能是将键盘输入的 1 个整数首尾倒置，例如：输入 13425，程序的输出结果应为 52431，输入–21345，程序的输出结果应为–54312。

```
#include<stdio.h>
#include<math.h>
void main()
{
    int  n,m,y=0;
    scanf("%d",&n);
    m=fabs(n);
    while(    ①    )
    {
        y=y*10+m%10;
            ②    ;
    }
    if(n<0)    ③    ;
    printf("%d\n",y);
}
```

（3）以下程序的功能是输出 100～200 之间的所有素数，输出时每行打印 6 个素数。

```
#include<stdio.h>
void main()
{
    int n,x,    ①    ;                  // 应有记录素数个数的变量
    for (n=100;n<=200;n++)
     {
        for(x=2;n%x!=0;x++) ;           // 若 n 被 x 整除，循环结束
           if(    ②    )
           {
               t++;
               printf("%d\t",n);        // 输出素数  n
               if(t%6==0)
                  ③
           }
     }
}
```

3．编程实验题

（1）求 1+2+3+…+n 之和超过 2000 的第一个 n 的值及其和。

（2）编写程序输出 100 以内的所有素数，输出打印时每行 8 个素数。

（3）编写程序输出所有各位数字的立方和等于 1099 的 3 位整数。

（4）用 e=1+1/1!+1/2!+1/3!+ …+1/n! 的公式求 e 的值，直到最后一项的绝对值小于 10^{-6}。

（5）编写程序求 sn=a+aa+aaa+……+aa…aa 的值，其中 a 是 1～9 之间的一位数字，n 表示 a 的位数。

例如：2+22+222+2222+22222（此时 n=5 ）

（6）输入一行英文句子，按空格分出若干个单词，每一行只输出一个单词。

（7）编写程序打印输出以下的图案：

```
* * * * * * *
 * * * * * *
  * * * * *
   * * * *
    * * *
     * *
      *
```

（8）编写程序对输入的一批整数统计出正数的个数、负数的个数、奇数的个数、偶数的个数，要求如下：

① 整数由键盘输入时以 0 作为输入数据结束的标志。

② 分别用 for、 while 语句实现，以读入的数据是否为 0 作为循环结束的条件。

4．调试与改错题

（1）以下程序的功能是：输入 n(0<n<10)，输出 1 个数字图案。如输入的为 4，则输出：

```
   1
  222
 33333
4444444
```

程序中有两处错误，找出并改正。

```c
#include<stdio.h>
void main()
{
    int i,j,n;
    scanf("%d",&n);
    for(i=1;i<=n;i++)
    {
        for(j=1;j<=n-i;j++)
            putchar(' ');                    //  打印空格
        for(j=1;j<=2*i;j++)
            putchar((char)(i+48));           //  0 的 ASCII 码为 48
        putchar(\n);
    }
}
```

（2）以下程序的功能是：运行时输入 n，输出 n 的所有素数因子（如 n=13860， 则输出 2、
2、3、3、5、7、11）。程序中有两处错误，找出并改正。

```c
#include<stdio.h>
void main()
{
    int n,i;
    scanf("%d",&n);
    i=1;
    while(n>1)
        if(n%i= = 0)
            { printf("%d\t",i);n=n/i;}
        else
            n--;
}
```

第5章 数 组

5.1 知识要点

1. 一维数组

定义一维数组的格式如下：

类型说明符 数组名[常量表达式]

一维数组存储在一片连续的内存单元中。

数组元素的使用：

数组名[下标]

一维数组的初始化：

所有数组元素赋初值，例如：

```
int data[5]={ 1,2,3,4,5 };
```

部分元素赋初值，例如：

```
int data[10]={ 0,1,2,3,4 };
```

表示只给前面 5 个元素赋初值。

元素赋初值时可以不指定数组长度，例如：

```
int data[]={ 1,2,3,4,5 };
```

系统自动定义 data 的数组长度为 5。

2. 二维数组

定义二维数组的格式如下：

类型说明符 数组名[常量表达式1][常量表达式2]

二维数组的存储：

二维数组中的元素在内存中按行存放，即先顺序存放第一行的元素，再存放第二行的元素，依此类推。

二维数组元素的使用：

数组名[行下标][列下标]

二维数组的初始化：

按行给二维数组赋初值，例如：

```
int a[3][3]={{ 1,2,3 },{ 4,5,6 },{ 7,8,9 }}
```

按数组存储顺序给各元素赋初值，例如：

`int a[3][3]={ 1,2,3,4,5,6,7,8,9 };`

效果与前面相同。

部分元素赋初值，例如：

`int a[3][3]={{1},{2},{3}};`

只对各行第一列元素赋初值。

C 可以只指定列的长度，例如：

`int a[][3]={ 1,2,3,4,5,6,7,8,9 };`

每行 3 列，默认为 3 行。

3．字符数组

定义字符数组的格式如下：

`char 数组名[下标]，char 数组名[下标1][下标2]`

字符数组具有普通数组的一般性质，详见一维、二维数组的知识要点。

字符数组的初始化：

用单个的字符常量，例如：

`char c[7]={ 'E','n','g','l','i','s','h' };`

使用字符串常量，例如：

`char c[8]={ "English" };`

其中元素 c[7]为'\0'，字符串结束标志。

在 C 语言中，将字符串作为字符数组来处理。为了测定字符串的实际长度，C 语言规定了一个"字符串结束标志"，以字符'\0'代表。在程序中往往依靠检测'\0'的位置来判断字符串是否结束。

4．常用字符串处理函数

常用字符串处理函数如表 5-1 所示。

表 5-1　常用字符串处理函数

函 数 名	定 义 格 式	作　　用
puts	puts(字符数组)	输出数组中的字符串
gets	gets(字符数组)	输入一个字符串到字符数组
strcat	strcat(字符数组1,字符数组2)	将数组 2 中的字符串连接到数组 1 的后面
strcpy	strcpy(字符数组1,字符数组2)	将数组 2 的字符串复制数组 1 中
strcmp	strcmp(字符串1,字符串2)	比较两个数组中的字符串的大小
strlen	strlen(字符串)	计算字符串的实际长度
strlwr	strlwr(字符串)	把字符串中的大写字母转换成小写字母
strupr	strupr(字符串)	把字符串中的小写字母转换成大写字母

5.2　习 题 解 答

1．问答题

（1）阅读下列程序，分析输出结果。若将 s[j]=j/2 改为 s[j]=j%2，则结果是什么？

```
#include<stdio.h>
void main()
{
   int s[10],t[10],j;
   for(j=0;j<10;j++) { s[j]=j/2; t[10-j-1]=s[j]; }
   printf("array t:");
   for(j=0;j<10;j++) printf("%3d",t[j]);
}
```

解：本题的输出结果是

array t:　4　4　3　3　2　2　1　1　0　0

若将 s[j]=j/2 改为 s[j]=j%2，则结果是

array t:　1　0　1　0　1　0　1　0　1　0

（2）阅读下列程序，分析输出结果。

```
#include<stdio.h>
void main()
{  int a[][3]={9,7,5,3,1,2,4,6,8};
   int i,j,b[3],s1=0,s2=0;
   for(i=0;i<3;i++)
   {  b[i]=0;
      for(j=0;j<3;j++)
      {  b[i]+=a[i][j];
         if(i==j) s1=s1+a[i][j];
         if(i+j==2) s2=s2+a[i][j];
      }
   }
   printf("%3d%3d\n",s1,s2);
   for(j=0;j<3;j++) printf("%3d",b[j]);
}
```

解：本题的输出结果是

　18 10
　21　6　18

（3）若输入 20 和 8，则下列程序的输出结果是什么？

```
#include<stdio.h>
void main()
{
   char b[17]="0123456789ABCDEF";
   int i=0,h,m,n,c[10];
   scanf("%d,%d",&m,&h);
   do
   {  c[i++]=m%h;                    // 相除后求余数送数组 c
   }while((m=m/h)!=0);               // 相除后取整若不为 0 继续循环
   for(--i;i>=0;--i)
   {  n=c[i];                        // 后得到的余数先处理
      printf("%c",b[n]);
   }
}
```

解：本题的输出结果是

24

2. 阅读程序写出执行结果

（1）下列程序的运行结果为＿＿＿＿＿＿。

```c
#include<stdio.h>
void main()
{
    int arr[10],i,k=0;
    for(i=0;i<10;i++) arr[i]=i;
    for(i=0;i<4;i++) k+=arr[i]+i;
    printf("%d\n",k);
}
```

解：输出结果是

 12

（2）下列程序的运行结果为＿＿＿＿＿＿。

```c
#include<stdio.h>
#include<string.h>
void main()
{
    char p1[]="abc",p2[]="ABC",str[50]="xyz";
    strcpy(str,strcat(p1,p2));
    printf("%s", str);
}
```

解：输出结果是

 abcABC

（3）下列程序的运行结果为＿＿＿＿＿＿。

```c
#include<stdio.h>
void main()
{
    int i,j,row,col,m;
    int arr[3][3]={ {100,200,300},{28,72,-30},{-850,2,6} };
    m=arr[0][0];
    for(i=0;i<3;i++)
      for(j=0;j<3;j++)
        if(arr[i][j]<m) { m=arr[i][j];row=i;col=j; }
    printf("%d,%d,%d\n",m,row,col );
}
```

解：输出结果是

-850, 2, 0

3. 程序填空

（1）下面程序统计从终端输入的字符中每个大写字母的个数，num[0]中统计字母 A 的个数，其他依此类推。用#号结束输入。

```c
#include<stdio.h>
#include<ctype.h>
void main()
{
    int num[26]={0},i;
```

```
char c;
while((_____①_____)!='#')
  if(isupper(c)) num[_____②_____]+=1;          // isupper()函数功能见附录
for(i=0;i<26;i++)
  if(num[i]) printf("%c:%d\n",i+'A',num[i]);
}
```

解： ① `(c=getchar())`　② `c-'A'`

（2）下面程序求二维数组的最大元素。

```
#include<stdio.h>
void main()
{
  int a[5][4],i,j,max,row,col;
  for(i=0;i<5;i++)
    for(j=0;j<4;j++)
      scanf("%d",&a[i][j]);
  max=a[0][0];
  row=0;
  col=0;
  for(_____①_____)
    for(j=0;j<4;j++ )
      if(_____②_____) { max=a[i][j]; row= i; col=_____③_____; }
  printf("max=%d,row=%d,col=%d\n",max,row,col);
}
```

解： ① `i=0;i<5;i++`　　② `max<a[i][j]`　　③ `j`

4．编程实验题

（1）定义整型数组 x，从键盘输入 10 个整数给 x。求数组 x 的数据和、数据的平均值、小于 0 的数据个数并输出每个小于 0 的数据。

【分析】

通过循环依次输入各个数组元素的值，数据和存放在变量 sum 中，小于 0 的数据个数存放在变量 count 中，再通过循环依次判定数组元素是否小于 0。

【程序代码】

```
#include<stdio.h>
void main()
{
  int x[10],i,sum=0,count=0;
  for(i=0;i<10;i++)
    scanf("%d",&x[i]);
  for(i=0;i<10;i++)
  {
    sum=sum+a[i];
    if(a[i]<0) {count++;printf("%d",a[i]); }
  }
  printf("sum=%d,count=%d,平均=%f ",sum,count,sum/10.0);
}
```

（2）定义整型数组 x 并赋 10 个初始值。要求输出该数组，找出其中最小的数和它的下标，把它和数组中下标为 0 的元素对换位置，然后输出该数组。

【分析】

设最小的数存放在变量 min 中，假定数组首元素为最小值，并通过 min 和 xb 变量记录其值与下标位置，从数组的第二个元素开始依次与最小值比较，只要有比最小值还要小的数组元素就替换掉原来的最小值和对应的下标位置，遍历整个数组后，最小值及其下标位置记录在变量 min 和 xb，然后再与下标为 0 的元素进行交换即可。

【程序代码】 略。

（3）有一个排好序的数组，从键盘输入一个数，要求按原来排序的规律把它插入数组中。

【分析】

从已有数组的末尾元素开始，依次与要插入的数进行比较（分为大于或小于两种情况），待比较条件首次不满足时就停止比较（因为原数组是排好序的），同时记录下标位置。将该下标起至原数组的末尾元素依次向右侧移动后，将待插入的数插入到原数组中指定位置。

【程序代码】

```
#include<stdio.h>
#define N 10
void main()
{
    int a[N+1]={1,3,5,6,7,8,9,10,12,15};
    int i,x,xb;
    scanf("%d",&x);
    for(i=0,xb=N;i<N;i++)
      if(x<a[i])
        { xb=i;break; }
    for(i=N-1;i>=xb;i--)
      a[i+1]=a[i];
    a[xb]=x;
    for(i=0;i<N+1;i++)
      printf("%d",a[i]);
    printf("\n");
}
```

（4）有一个 5×5 整型矩阵，求每一行元素的和。

【分析】

通过双重循环对数组赋初值，每一行元素求和之前，累加器的值设置为零，求出结果后本行的和输出。

【程序代码】

```
#include<stdio.h>
void main()
{
    int a[5][5];
    int i,j;
    printf("enter data:\n");
    for(i=0;i<5;i++)
      for(j=0;j<5;j++)
        scanf("%d",&a[i][j]);
```

```
for(i=0;i<5;i++)
{
  sum=0;
  for(j=0;j<5;j++)
  sum=sum+a[i][j];
  printf("第%d 的和为%d\n",i,sum);
}
}
```

（5）输出奇数阶"魔方阵"。所谓奇数阶魔方阵是指这样的方阵，它的每一行、每一列和对角线之和均相等。例如：三阶魔方阵为

8　1　6

3　5　7

4　9　2

要求输出由 3～n² 的自然数构成的奇数阶魔方阵。

【分析】

魔方阵中各数的排列规律如下：

① 将 1 放在第一行中间一列；

② 用如下方法将 2～n² 填到方阵中，如果刚填的数能被 n 整除，则下一步填的位置是

　　行号加 1，列号不变，即 i= i+1,j 不变

否则下一步填的位置是

　　行号减 1，列号加 1，即 i= i-1,j=j+1

　　若 i<0 则 i=n-1 （行号减 1，可能越界的处理）

　　若 j>n-1 则 j=0 （列号加 1，可能越界的处理）

【程序代码】

```
#include<stdio.h>
void main()
{
  int i,j,n,k,h,m[15][15];
  scanf("%d",&n);
  i=0;j=(n-1)/2;m[i][j]=1;
  for(k=2;k<=n*n;k++)
  {
    h=k-1;
    if(h%n==0)  i=i+1;
    else
    {
      i=i-1;  j=j+1;
      if(i<0)  i=n-1;
      if(j>n-1)  j=0;
    }
    m[i][j]=k;
  }
  for(i=0;i<n;i++)
  {
    for(j=0;j<n;j++)
```

```
        printf("%4d",m[i][j]);
        printf("\n");
    }
}
```

（6）统计出一行字符中英文字符、数字、空格和其他字符的个数。

【分析】

通过条件分支结构依次设置英文字符、数字、空格和其他字符的判定条件，符合相应的条件时，对应的变量累加。

【程序代码】

```
#include<stdio.h>
#include<math.h>
void main()
{
    char ch[80];
    int i;
    int letter=0,digit=0,space=0,other=0;
    gets(ch);
    for(i=0;i<=strlen(ch)-1;i++)
      { if((ch[i]>='A'&&ch[i]<='Z')||(ch[i]>='a'&&ch[i]<='z')) letter++;
        else if(ch[i]>='0'&&ch[i]<='9') digit++;
        else if(ch[i]==' ') space++;
        else other++;
      }
    printf("letter=%d,digit=%d,space=%d,other=%d\n",letter,digit,space,other);
}
```

（7）编写程序，将两个字符串连接起来，不使用strcat()函数。

【分析】

通过字符串输入函数获得两个字符串，依次判断第一个字符串中的各个字符，遇到'\0'时，说明已到第一个字符串的结尾，此时用第二个字符串中的首个字符覆盖第一个字符串中的'\0'，依次将第二个字符串中的剩余字符复制到第一个字符串中，最后将'\0'添加到新字符串的末尾。

【程序代码】

```
#include<stdio.h>
void main()
{
    char s1[80],s2[80];
    int i=0,j=0;
    printf("please input string1:");
    gets(s1);
    printf("please input string2:");
    gets(s2);
    while(s1[i]!='\0') i++;
    while(s2[j]!='\0') s1[i++]=s2[j++];
    s1[i]='\0';
    printf("the new string is:");
```

```
    puts(s1);
}
```

（8）一个班级有若干名学生，输入一个学生的名字，查询该学生是否属于该班级，并输出相应的信息。

【分析】

定义并为二维字符数组赋初值，通过字符串处理函数将待查询的字符串与二维数组中已经存在的字符串比较，并返回相应的结果即可。

【程序代码】

```
#include<stdio.h>
#include<string.h>
#define M 30
#define N 10
void main()
{
    char name[M][N],s_name[10];
    int i,sum=0;
    for(i=0;i<M;i++)
    {
        scanf("%s",name[i]); sum++;
        if(strcmp(name[i],"***")==0) break;
    }
    printf("please enter a student_name:");
    scanf("%s",s_name);
    for(i=0;i<=sum;i++)
      if(strcmp(name[i],s_name)==0)
      { printf("this student belongs to this class!");break; }
    if(i>sum) printf("this student dose not belong to this class!");
}
```

5.3　常见错误和难点分析

1. 不允许动态定义数组

定义数组时，常量表达式中可以包括常量和符号常量，不能包含变量。也就是说，C 语言不允许对数组的大小作动态定义，即数组的大小不依赖于程序运行过程中变量的值。例如，下面这样定义数组是错误的：

```
int n;
scanf("%d",&n);
int a[n];
```

2. gets()函数与 scanf()函数在输入字符串时的区别

scanf()函数和 gets()函数都可用于输入字符串，但在功能上有区别。

gets()可以接收空格；而 scanf()遇到空格、Enter 和 Tab 键都会认为输入结束，所有它不能接收空格。

```
char string[15]; gets(string);    //遇到 Enter 键认为输入结束
scanf("%s",string);               //遇到空格认为输入结束
```

当输入的字符串中包含空格时，应该使用 gets() 函数输入。

字符串本身就是一个数组，在 scanf() 的输入列中是不需要在前面加"&"符号的，因为字符数组名本身代表地址。

3. 正确理解常用的字符串处理函数

字符串复制函数 strcpy(char,char) 后者复制到前者。

字符串追加函数 strcat(char,char) 后者追加到前者后，返回前者，因此前者空间要足够大。

字符串比较函数 strcmp(char,char) 前者等于、小于、大于后者时，返回 0、正值、负值。

注意：不是比较长度，而是比较字符的 ASCII 码大小，可用于按姓名字母排序等。对字符串是不允许做==或！=的运算的，只能用字符串比较函数。

字符串长度 strlen(char) 返回字符串的长度，不包括'\0'。

4. 改错与调试

（1）下面程序运行时，若从键盘输入 would you<CR>like this<CR>bird?<CR>,则要想输出 would you like this bird? 程序空白处该如何填写？（<CR> 表示 Enter 键）

```
#include<stdio.h>
void main()
{   char s1[10],s2[10],s3[10],s4[10];
    scanf("%s%s\n", ____①____ );
    ____②____ ;
    printf("%s%s%s%s", ____③____ );
}
```

（2）下列程序的功能是将数组 b 的 10 个数倒序存放到数组 a，改正下列程序中的错误。

```
#include<stdio.h>
void main()
{
    int n=10;
    int a[n];
    int b[]={1,2,3,4,5,6,7,8,9,10};
    int a;
    for(i=0;i<=10;i++) a[i]=b[n-1];
    for(i=0;i<=10;i++) printf("%2d ",a[i]);
    printf("\n");
}
```

5.4 测 试 题

1. 阅读程序写出执行结果

（1）下列程序的运行结果为_____。

```
#include<stdio.h>
#include<string.h>
void main()
{
    int i=0;
```

```
  char s1[10]="1234",s2[10]="567";
  strcat(s1,s2);
  while(s2[i++]!='\0') s2[i]=s1[i];
  puts(s2);
}
```

（2）下列程序的运行结果为_____。

```
#include<stdio.h>
void main()
{
  int i;
  char s[][5]={"abc","def","ghi","jkl"};
  for(i=1;i++<3;) printf("%s",s[i]);
}
```

（3）下列程序的运行结果为_____。

```
#include<stdio.h>
{
    int a[10]={1,2,3,4,5,6},i,j;
    for(i=0;i++<3;) { j=a[i];a[i]=a[5-i];a[5-i]=j; }
    for(i=0;i<6;i++) printf("%d",a[i]);
}
```

（4）下列程序的运行结果为_____。

```
#include<stdio.h>
#include<string.h>
void main()
{
  int i;
  char s1[6]="abcd";
  strcpy(s1,"fg");
  for(i=0;i<5;i++)
   if(s1[i]!='\0') s1[i]+=i;
   else s1[i]='a';
  puts(s1);
 }
```

2. 程序填空

（1）下列程序的功能是将输入的一个数字字符串转变为数值。

```
#include<stdio.h>
#include<string.h>
void main()
{
  char str[10];
  int s,i;
  puts("input a digital string: ");
  _____①_____
  s=0;
  for(i=0;str[i]!='\0';i++)
    s=_____②_____
```

```
    printf("%d",s);
}
```

（2）下面的程序完成加密的功能，编码的规则是：对所有的英文字母依次向后移动 3 个字符的位置，即 a 变成 d，b 变成 e，x 变成 a，y 变成 b，依此类推，其他字符不变。

```
#include<stdio.h>
void main()
{
    char str[30];
    int i;
    gets(str);
    for(_____①_____)
    { if(_____②_____)
        {
            str[i]=str[i]+3;                // 当前字符为英文字符
            if(_____③_____) str[i]=str[i]-26;
        }
    }
    puts(str);
}
```

（3）下列程序的功能是在一个字符数组中查找一个指定的字符，若数组中含有该字符则输出该字符在数组中第一次出现的位置（下标值），否则输出–1。

```
#include<stdio.h>
#include<string.h>
void main()
{
    char c='a',t[50];
    int n,k,j,f=1;
    gets(t);n=_____①_____
    for(k=0;k<n; k++)
        if(_____②_____)
            {f=0;break;}
    if(f==1) printf("%d",-1);
    else printf("%d",k);
}
```

3．编程实验题

（1）编写程序：从一批学生的成绩中统计出低于平均分的学生人数。例如：若输入 8 名学生的成绩：80.5　60　72　90.5　98　51.5　88　64，则低于平均分的学生人数为 4（平均分为：75.5625）。

（2）编写程序将数组 a 循环左移 k 个元素，例如：当数组 a 中的数据是:1、2、3、4、5、6、7、8，若 k 为 3，则输出结果为：4,5,6,7,8,1,2,3。

（3）编写程序将一批学生的考试成绩进行分段统计，考试成绩放在数组 a 中，各分段统计的计数到数组 b 中：成绩为 60 到 69 的计数存到 b[0]中,成绩为 70 到 79 的计数存到 b[1],成绩为 80 到 89 的计数存到 b[2], 成绩为 90 到 99 的计数存到 b[3],成绩为 100 的计数存到 b[4],成绩为 60 分以下的计数存到 b[5]中。例如：当数组 a 中的数据是:93、85、77、68、59、43、94、75、98，数组 b 中存放的计数应是 1、2、1、3、0、2。

（4）编写程序分别统计字符串中大写字母和小写字母的个数。例如：给字符数组 str 输入 AaaaBBb123CCcccd,则输出结果应为 upper=5，lower=9。

（5）编写程序，删除一个字符串中指定下标的字符。其中，a 存放原字符串，删除后的字符串存放在字符数组 b 中，n 中存放指定的下标。例如：输入一个字符串 World，然后输入 3，则结果为 Word。

（6）编写程序，在字符数组 str 中找出 ASCII 码值最大的字符，将其放在第一个位置上，并将该字符前的原字符向后顺序移动。例如：输入字符串为 ABCDeFGH，字符数组 str 中的内容为 eABCDFGH。

（7）编写程序，统计在一个字符串中"a"到"z"26 个字母各自出现的次数。例如：当输入字符串 abcdefgabcdeabc 后，程序的输出结果应该是 3，3，3，2，2，1，1。

（8）编写程序，逐个比较字符数组 a 和字符数组 b 对应位置中的字符，把 ASCII 值大或相等的字符依次存放到字符数组 c 中，然后输出字符数组 c。例如：若 a 中存放的字符串为 aBCDeFgH，b 中存放的字符串为 ABcd，则 c 中的字符串应为 aBcdeFgH。

4．调试与改错

（1）编写程序，把数组中的所有奇数放在另一个数组中。

```
#include<stdio.h>
void main()
{
    int i,j=0,a[10],b[10];
    printf("Please enter ten numbers:\n");
    for(i=0;i<10;i++) scanf("%d",&a[i]);
    printf("\n");
    for(i=0;i<10;i++)
      { if(a[i]%2!=0) b[j++]=a[i]; }
    for(j=0;j<10;j++) printf("%d ",b[j]);
}
```

（2）将字符数组 a 中的下标值为偶数的元素从小到大排列，其他元素不变。程序有五处错误。

```
#include<stdio.h>
#include<string.h>
void main()
{
    char a[]="clanguage",t;
    int i,j,k;
    k=strlen(a);
    for(i=0;i<=k-2;i+=2)
      for(j=i+2;j<=k;j++)
        if(a[i]<a[j])  { t=a[i]; a[i]=a[j]; a[j]=t; }
    puts(a);
    printf("\n");
}
```

（3）本题的功能为：设数组 a 包括 10 个整型元素，求出 a 中各相邻二个元素之和，并将这些和存储在数组 b 中，最后按每行三个元素输出。程序中有三处错误，请改正。注意，不得改变程序结构。

```c
#include<stdio.h>
void main()
{
   int a[10],b[10],i;
   for(i=0;i<=10;i++) scanf("%d",a[i]);
   for(i=1;i<10;i++) b[i]=a[i]+a[i-1];
   for(i=1;i<10;i++)
   { printf("%3d",b[i]);
       if((i/3)==0) printf("\n");
   }
}
```

（4）本题的功能为：找出一个二维数组中的鞍点，即该位置上的元素在该行上最大，在该列上最小。也可能没有鞍点。程序中有三处错误代码，请指出并改正之。不得增加行或删除行，也不得更改程序结构。

```c
#include<stdio.h>
#define N 5
#define M 5
void main()
{
   int i,j,k,flag1,flag2,a[N][M],max,maxi,maxj;
   for(i=0;i<N;i++)
     for(j=0;j<M;j++) scanf("%d",&a[i][j]);
   flag2=0;
   for(i=0;i<N;i++)
   {
       max=a[j][0];
       for(j=0;j<M;j++)
        if(a[i][j]>max) { max=a[i][j]; maxj=i; }
        for(k=0,flag1=1;k<N&&flag1;k++)
          if(max>a[k][maxj]) flag1=0;
        if(flag1)
        {
           printf("\nThe saddle point is:%d,%d,%d\n",i,maxj,max);
           flag2=1;
        }
   }
   if(flag2) printf("\nThere is no saddle point in the Matrix\n");
}
```

第6章 函数

6.1 知识要点

函数是C源程序的基本模块，通过对函数模块的调用实现特定的功能。可以说C程序的全部工作都是由各式各样的函数完成的，所以也把C语言称为函数式语言。

1. 函数

函数分为库函数和用户定义函数两种。

库函数：由C系统提供，无须定义，只需在程序前包含有该函数原型的头文件即可在程序中直接调用，如：三角函数 sin()等、字符串函数 strlen()等。

用户定义函数：由用户根据需要编写的函数。

2. 函数参数、返回值

函数的参数分为两种：形参和实参。形参出现在函数定义中，实参出现在主调函数中，形参和实参的功能是作数据传送

参数传递的方式分为两种：传值和传地址。传值方式将实参数据传递给形参，传地址方式将实参的地址传递给形参，因此，这种传递方式在函数中如果修改形参的值，也会改变实参的值。数组作为参数是以传地址方式进行的。

函数的返回值由 return 语句带回到主调函数中。每个函数至多可以返回一个值，但可以有多条 return 语句。

3. 函数的嵌套、递归

C语言允许在一个函数的定义中出现对另一个函数的调用，即函数的嵌套调用。当函数调用它自身时就称为递归调用。

4. 变量的作用域、生存期

作用域和生存期是从空间和时间，这两个不同的角度来描述变量的特性。

变量按作用域范围可分为两种：局部变量和全局变量。函数内的变量称局部变量，作用域在本函数。函数外部定义的变量称全局变量，其作用域是从定义点开始至程序结束。

变量的存在时间称为生存期，用 static 定义的静态变量生存期在整个程序执行期间有效，在整个程序运行期都不释放；动态变量只在其定义的函数内有效，一旦离开了该函数就被释放，其值不保留。

6.2 习题解答

1. 问答题

（1）函数声明的作用是什么？

解：函数声明的作用是通知编译系统关于函数的信息，比如：函数类型、函数名、参数。这样做便于编译系统检查代码语法的合法性。

（2）函数调用时需要注意什么？

解：要注意函数有无返回值、返回值类型是什么；函数名是否书写正确；函数参数的类型、个数、前后顺序；函数调用语句需要以分号结尾。

（3）简述递归和循环的相同点和不同点？

解：相同点：递归和循环都可以重复执行某一过程。不同点：递归是函数自己调用自己，因此会有很大的空间开销，而且函数地址进栈退栈也会消耗很多时间；循环效率更高。

（4）简述传值调用和传地址调用的区别？

解：传值调用是将实参的值从主调函数传到被调函数的形参，形参在函数中的变化不会影响实参；传地址调用方式将实参的地址传递给形参，这种传递方式在函数中如果修改形参值，也会改变实参的值。

2. 阅读程序写出执行结果

（1）下列程序的运行结果为_____。

```c
#include<stdio.h>
#include<math.h>
int fun(int y, int x)
{
    int z ;
    z=fabs(x-y);
    return(z);
}
void main()
{
    int a=-1,b=-5,c;
    c=fun(a,b);
    printf("%d",c);
}
```

解：输出的结果是

4

（2）下列程序的运行结果为_____。

```c
#include<stdio.h>
int fun(int x,int y)
{
    static int m=0,i=2;
    i+=m+1;
    m=i+x+y;
    return(m);
```

```
}
void main()
{
    int j=4,m=1,k;
    k=fun(j,m);
    printf("%d,",k);
    k=fun(j,m);
    printf("%d\n",k);
}
```

解：输出的结果是

```
8, 17
```

（3）下列程序的运行结果为_____。

```
#include<stdio.h>
int f(int x,int y)
{
    printf("%d,%d\n",x,y);
    return(y-x)*x;   }
      void main()
{
    int a=3,b=4,c=5,d;
    d=f(f(a,c),f(a,b)+f(c,b));
    printf("%d",d);
}
```

解：输出的结果是

```
3, 4
5, 4
3, 5
6, -2
-48
```

注意：L 函数共调用 4 次。

（4）下列程序的运行结果为_____。

```
#include<stdio.h>
int fun(int a,int b)
{
    if(a>b) return(a+b);
    else    return(a-b);
}
      void main()
{
    int x=3,y=8,z=6,r
    r=fun(fun(x,y),2*z);
    printf("%d",r);
}
```

解：输出的结果是

```
-17
```

3．程序填空

（1）输出 10 到 99 之间各位数字之和为 12 的所有整数。要求定义和调用函数 sumdigit(n),计算整数 n 的各位数字之和。

```
#include<stdio.h>
main()
{
    int i;
    int sumdigit(int n);
    for(i=10;i<=99;i++)
      if(_____①_____)
        printf("%d",i);
    printf("\n");
}
int sumdigit(int n)
{
    int sum;
    _____②_____;
    do{_____③_____;
      n=n/10;
    }while(n!=0);
    return sum;
}
```

解：① sumdigit(i)==12   //调用子函数判断各位数字之和是否为 12

　　② sum=0   //求和变量清零

　　③ sum=sum+n%10   //n 个位上的数字累加求和

（2）函数 del 的作用是删除有序数组 a 中的指定元素 x。已有调用语句 n=del(a,n,x);其中实参 n 为删除前数组元素的个数，赋值号左边的 n 为删除后数组元素的个数。

```
int del(int a[],int n,int x)
{
    int p,i;
    p=0;
    while(x>=a[p]&&p<n)
      _____①_____;
    for(i=p-1;i<n;i++)
      _____②_____;
    n=n-1;
    return n;
}
```

解：① p=p+1   //数组下标后移 1 个

　　② a[i]=a[i+1]   //用数组元素依次前移 1 位的方法来删除元素

（3）以下程序的功能是求 3 个数的最小公倍数。(最小公倍数：几个数公有的倍数叫做这几个数的公倍数，其中最小的一个叫做这几个数的最小公倍数，如 3 和 5 的最小公倍数是 15，6 和 9 的最小公倍数就是 18。)

```
#include<stdio.h>
int max(int x,int y,int z)
```

```
{
    if(x>y&&x>z) return x;
    else if(___①___) return y;
    else return z ;
}
void main()
{
    int x1,x2,x3,i=1,j,x0;
    printf("输入 3 个数: ");
    scanf("%d%d%d",&x1,&x2,&x3);
    x0=max(x1,x2,x3);
    while(1)
    {   j=x0*i;
        if(___②___) break;
        i++;
    }
    printf ("%d,%d,%d 的最小公倍数是: %d\n",x1,x2,x3,j);
}
```

解: ① y>x && y>z　　　　　　　　　　　//判断 y 的值是不是 3 个数中最大的

　　② j%x1==0 && j%x2==0 && j%x3==0　　　//判断 j 是否能整除这 3 个数

（4）以下程序的功能是调用函数 f，从字符串中删除所有的数字字符。

```
#include<stdio.h>
#include<string.h>
#include<ctype.h>
void f(char s[])
{
    int i=0;
    while(s[i]!= '\0')
    if(isdigit(s[i]))___①___(s+i,s+i+1);  // isdigit(d) 检查d是否是数字
    else___②___ ;
}
void main()
{
    char str[80];
    gets(str);
    f(str);
    puts(str);
}
```

解: ① strcpy　　　　　　　// s[i]是数字，从 s[i+1]到字符串结尾复制到 s[i]

　　② i++　　　　　　　　//检查下一个是否是数字

4. 编程实验题

（1）编写子函数求数组元素的平均值并返回给主函数，在主函数中输入十个数，调用子函数输出结果。

【分析】主函数中输入十个数存放在数组中，将数组名及数组大小传递给子函数，在子函数中实现求数组元素的平均值计算。

【程序】

```c
#include<stdio.h>
float aver(int a[],int n)
{
  int i;
  float average=0;
  for(i=0;i<n;i++)average+=a[i];
  average=average/n;
  return average;
}
void main()
{
  int a[10],i;
  for(i=0;i<10;i++)
  scanf("%d",&a[i]);
  printf("%f",aver(a,10));
}
```

（2）在 main()函数中输入三个数，并调用 fun()函数，fun()函数的功能是：判断输入的三个数能否组成三角形，输出判断的结果。

【分析】两边之和大于第三边才能组成三角形，对于任意 3 个数 a、b、c 需要两两相加后与第三个数比较，故判断条件为：a+b>c && b+c>a && a+c>b。

【程序】略。

（3）编写一个实现三位整数逆序输出的子函数，如在主函数中输入 123，调用子函数，输出 321。

【分析】主函数传递一个三位整数给子函数，子函数中利用求余和除法计算出每一位并实现逆序，最后通过 return 返回逆序后的整数给主函数。

【程序】

```c
#include<stdio.h>
int nixu(int x)
{
  int a,b,c;
  a=x%10;
  b=x/10%10;
  c=x/100;
  return a*100+b*10+c;
}
void main()
{
  int a;
  scanf("%d",&a);
  printf("%d\n",nixu(a));
}
```

（4）编写递归函数，求 Fibonacci 数列 1，1，2，3，5，8，13，21……的第 20 项，Fibonacci 数列定义如下：

$$\text{fibonacci}(n) = \begin{cases} 1 & n=1 \\ 1 & n=2 \\ \text{fibonacci}(n-1) + \text{fibonacci}(n-2) & n>2 \end{cases}$$

【分析】数列的第 n 项可以表示成定义第 n-1 项和第 n-2 项的和，即大规模问题分解成同类型的小规模问题，符合递归策略，因此可以将 Fibonacci 定义成递归函数，n=1 或 n=2 时函数值为 1，是递归的终止条件。

【程序】略。

（5）编写子函数交换数组中最大值和最小值的位置，在主函数中输出交换后的数组。

【分析】用数组名作为参数，在函数内对数组遍历一遍，记录最大值和最小值元素的下标，然后进行交换。

【程序】

```c
#include<stdio.h>
void function(int a[]);
void main( )
{
  int array[10];
  int i;
  printf("请输入 10 个数: ");
  for (i=0;i<=9;i++)
    scanf("%d",&array[i]);
  function(array);                //查找并交换
  printf("交换最大值和最小值的位置后: \n");
  for (i=0;i<=9;i++)
    printf("%d ",array[i]);
 }
void function(int a[])
{
  int max=a[0],min=a[0],i,temp;      //开始时，最大值和最小值里存放的都是 a[0]
  int maxmark=0,minmark=0;           //记录最大值和最小值的下标，开始存放 a[0]的下标
  for(i=1;i<=9;i++)
  { if(max<a[i])
    { max=a[i];                      //用 a[i]替换当前最大值
      maxmark=i;
    }
    if(min>a[i])
    { min=a[i];                      //用 a[i]替换当前最小值
      minmark=i;
    }
  }
  temp=a[maxmark];
  a[maxmark]=a[minmark];
  a[minmark]=temp;
 }
```

（6）编写一个判断素数的子函数，主函数中输入一个整数，输出是否是素数的信息。

【分析】素数又称质数：除了 1 和它本身，没有其他因子的整数。判断一个整数 m 是否为素

数，只需用 2~m-1 之间的每一个整数去除，如果都不能被整除，那么 m 就是一个素数。也可以简化，m 不必被 2~m-1 之间的每一个整数去除，只需被 2~$\sqrt{m}$ 之间的每个数去除即可。

【程序】 略。

（7）编写子函数计算公式 e≈1+1/1!+1/2!+1/3!+ … + 1/n! 的近似值，在主函数中输入 n 的值，调用子函数输出结果。

【分析】 n 的值在 void main() 函数中由键盘输入，调用时作为实参。编一个函数求 e 的近似值，设求和变量 e 的初值为 1，循环变量 i 从 1 开始递增，判断循环是否终止条件为 i<=n，第 i 项的分母 i! 是前一项的分母乘上 i 所得。设变量 t 表示第 i 项的分母，t 初始值为 1。

【程序】

```
#include<stdio.h>
 float e(int m)
 {int k,t=1;
 float sum=1;
 for(k=1;k<=m;k++)
 {  t=t*k;
    sum+=1.0/t;
 }
 return sum;
 }
void main()
{ int n;
 scanf("%d",&n);
 printf("e=%f\n",e(n));
}
```

（8）编写子函数，统计字符串中字母、数字、空格和其他字符的个数，要求在主函数中输入字符串，输出统计的结果。

【分析】 用字符数组和整形数组 a[] 作为参数，a[0] 存放字母的个数、a[1] 存放数字的个数、…… 。

【程序】 略。

6.3　常见错误和难点分析

1. 在写函数定义时，没有给出形参变量名，如：

```
void fun(int,int,int )
{  ...      }
```

【分析】 编译会报错，变量名在定义时不能省略，但在函数声明时可以省略，如：

```
void fun(int,int,int );
```

2. 为了让函数返回多个值，多次使用 return 语句，如：

```
void fun(int x,int y,int z)
{
    return x+y;
    return y+z;
    return x+y+z;
}
```

【分析】每个函数至多可以返回一个值，不能返回多个值。如果想在主调函数与被调函数之间传递多个值，可以用传地址的方式，比如传数组名。

3. 无参函数不写括号，如：

```
void fun
{  …  }
```

【分析】函数可以没有参数，但函数名后面的括号必须写，如：

```
void fun()
{  …  }
```

4. 函数参数重复定义，如：

```
void fun(int x,int y,int z)
{
   int x,y,z;
   …
}
```

【分析】在函数内部再次把参数定义一遍，这是语法错误。参数中出现的变量在函数体中不用再定义，新变量需要定义。

5. 函数类型与返回值的类型不一致，如：

```
void add(float  a, float  b)
{
   float c;
   c=a+b;
   return c;
}
```

【分析】"函数类型"就是返回值的数据类型，如果函数没有返回值，那么"函数类型"就是 void。应改为：

```
float add(float  a, float  b)
{
   float c;
   c=a+b;
   return c;
}
```

6. 数组名作为函数实参数时常见错误，如：

```
function(array[]);        //方括号多余
function(array[10]);      //其实只传了数组的 1 个元素
function(&array);         //&多余
```

【分析】数组名就是地址，不需要再用&（取地址符号）。

6.4 测 试 题

1. 阅读程序写出执行结果

（1）下列程序的运行结果为_____。

```
#include<stdio.h>
int fun(int a)
```

```
{
int b=0;static int c=3;
    b++;c++;
    return(a+b+c);
}
void  void main()
{
int a=2,i;
    for(i=0;i<3;i++)
       printf("%d",fun(a));
}
```

（2）下列程序的运行结果为_____。

```
#include<stdio.h>
int fun(int x)
{
    if(x/2>0) fun(x/2-2);
     printf("%d",x);
}
void main()
{ fun(20);   }
```

（3）下列程序的运行结果为_____。

```
int a=3,b=4,c=5;
void sub(int n)
{
   int b=20;
   static int s=10;
   b+=a++;
   s+= b+c;
   printf("%d%d%d\n",a,b,s);
 }
void main()
{
   int b=6,c=7;
   sub(10);
   sub(b+c);
   printf("%d%d\n",a,b);
}
```

2．程序填空

（1）如下程序完成将输入的小于 32 768 的整数按逆序输出。例如，若输入 13 579，则输出为 97 531。

```
#include<stdio.h>
void r(int m)
{
    printf("%d",_____①_____);
    m=_____②_____;
     if(_____③_____)
         _____④_____;
}
```

```
void main()
{
   int n;
   printf("Input n:");
   scanf("%d",&n);
   r(n);
   printf("\n");
}
```

（2）如下程序完成对 0!+1!+2!+3!+…+n!的计算，并输出。

```
#include<stdio.h>
long int fun(int m)
{
   int j;
   long int s;
   s= ____①____ ;
   for(j=1;j<=m;j++)
     s= ____②____ ;
   return s;
}
void main()
{
   long int s;
   int k,n;
   scanf("%d",&n);
   s= ____③____ ;
   for(k=0;k<=n;k++)
     s=s+____④____ ;
   printf("\n%ld",s);
}
```

（3）程序通过调用递归函数来求两个整数的最大公约数。

```
#include<stdio.h>
int gcd(int a,int b)
{
   if(a%b==0)____①____ ;
   else  return gcd(b,a%b);
}
void main( )
{
   int c,d;
   ____②____ ;
   printf("%dand%dGCD=%d\n", ____③____ );
}
```

3.编程实验题

（1）编写一个函数输出如下图形。用参数 n 控制输出的行数，参数值的取值范围 1～9，超过这个范围，函数不做任何输出，返回整数 0；否则，输出如下图形返回整数 1。编写该函数，并写主调函数。

```
            1
           222
          33333
         4444444
           ...
```

（2）编写一个函数 float fsum(int n)，如果 n 是偶数，计算 1+1/2+1/4+…+1/n 的值；如果 n 是奇数，计算 1+1/3+1/5+…+1/n 的值。n 是在主调函数由键盘输入的大于 1 的正整数。

（3）编写一个函数 long primes(,)，对 10 个正整数，计算其中的素数之和。10 个正整数在主调函数由键盘输入，计算出的结果在主调函数输出。

（4）π 的值可以使用下公式计算：

$$\frac{\pi}{2}=1+\frac{1}{3}+\frac{1}{3}\cdot\frac{2}{5}+\frac{1}{3}\cdot\frac{2}{5}\cdot\frac{3}{7}+...$$

请编写函数 compute_pi(double eps)计算 π 的近似值，当公式中某一项的值小于 eps（例如，eps=1e-5) 时，停止计算并返回结果。

（5）编写一个函数对一个长整数，求出它的位数以及各位数字之和。

（6）编写函数将字符串 s 中与字符变量 ch 的内容相同的字符删除。例如：s 为 ABCDstCBAba,ch 为 C,则删除后 s 为 ABDstBAba。

（7）编写函数：求 x 的 n 次方。

（8）编写一个函数对给出的年、月、日，计算该日是这一年的第 n 天。

4．改错与调试

（1）本程序判断输入的三个数能否构成直角三角形。程序中有两个错误，请改正。

```c
#include<stdio.h>
void main()
{  int fun(int a,int b,int c);
   int a,b,c,z;
   scanf("%d%d%d",&a,&b,&c);
   z=fun(a,b,c);
   if(z==1)
      printf("构成直角三角形");
   else
   printf("不构成直角三角形");
 }
 int fun(int a,int b,int c)
{  int a,b,c;
   int z;
   if((a*a+b*b==c*c)&&(b*b+c*c==a*a)&&(a*a+c*c==b*b))
      z=1  ;
   else
      z=0;
   printf("%d",z);
   return(z);
 }
```

（2）本程序在 main 函数中三次调用 fac 函数，计算 1!、2!、3!的值并输出。程序中有两个错误，请改正。

```
void  fac(int n)
{  int f=1;
   f=f*n;
   return f;
 }
void main()
{  int  i ;
   for(i=1;i<=3;i++)
    printf("%d!=%d\n",i,fac(i));
 }
```

（3）以下程序用递归算法求 x^n，即 $x^n=x*x^{n-1}$，其中 x 为实数，n≥0。程序中有四个错误，请改正。

```
void main()
{  float x,y;
   int n;
   scanf("%f%d",&x,&n);
   y=xn(x);
   printf("x^n=%f\n",y);
 }
float xn(float x,int n)
{  float z;
   if(n<0)
   { printf(" n is a wrong number!\n");
     exit(0);
    }
   if(n!=0)   z=1;
   else  z=xn(x,n);
   return  z ;
 }
```

第 7 章

指 针

7.1 知 识 要 点

指针的本质是地址，指针变量就是用来存放指针（地址）的变量。C 语言中指针变量不仅可以指向变量，还可以指向数组、字符串和函数等。

1. 指针定义

指针的定义及其含义如表 7-1 所示。

表 7-1 指针的定义及其含义

定　　义	含　　　　义
int *p;	p 为指针变量，它指向整型量
int *p[n];	p 为数组，由 n 个指向整型量的指针元素组成
int (*p)[n];	p 为指针变量，它指向一个含有 n 个整型元素的数组
int *p();	p 为函数，其返回值是指向整型量的指针
int (*p)();	p 为指针变量，它指向一个函数，该函数的返回值是整型
int **p;	p 为指针变量，它指向另一个指针变量，该指针变量指向整型量

2. 指针运算

运算符 & 表示取地址，运算符 * 表示取内容，如 &a 表示取变量 a 的地址，*p 表示取指针 p 所指的内容。

对指向数组（字符串）的指针变量可以进行指针的算术运算，如指针自增、自减运算，指针与整数的加减运算，目的是使指针在数组（字符串）的各元素间移动。对于指向同一数组的两个指针变量可以做减法运算。

3. 指针与数组

（1）指向数组元素

```
int a[10],s[2][3],*p1,*p2;
p1=&a[2];
p2=&s[1][1];
```

（2）指向一维向量

```
int a[2][3],(*p)[3]
p=a;
```

a+i 代表第 i 行的首地址，p+i 也代表第 i 行的首地址，第 i 行 j 列的地址为*(a+i)+j，*(p+i)+j 也表示第 i 行 j 列的地址。

（3）数组的元素可以是指针，如：

`char *s[4]={"spring","summer","autumn","winter"};`

数组 s 中存放的是四个字符串的首地址。

4．指向字符串的指针

`char *st="C Language";`

st 是一个指向字符的指针，存放字符串的首地址。

5．指针与函数

函数可以返回一个指针型的数据，即地址，如：int *f(int x,int y)；表示 f()函数返回一个指向整型量的指针。

指向函数的指针变量即是指针变量中存放函数的入口地址，通过该指针变量调用函数。

C 语言指针有很多优点，但用不好也会带来严重的错误，需要读者加强练习使用，在实践中慢慢地积累经验。

7.2 习 题 解 答

1．问答题

（1）若有定义：int i,j,*p=&i;，写出与 i==j 等价的比较表达式。

解：*p==j 或*p==*&j

（2）若有定义：int k=3,j=6,*p1=&k,*p2=&j,*p3;p3=p1;p1=p2;p2=p3;，则*p1、*p2、*p3 的值是分别是多少？

解：*p1 的值为 6，*p2 和*p3 的值都为 3。

（3）若有定义：int a[10]={1,2,3,4,5,6,7};int *p=a;，则表达式*(++p)的值是多少？

解：2

（4）若有定义：char s[]="123456",*p=s+1;，则表达式*p+1 的值是多少？

解：'3'

（5）写出语句 int *p1,*p2[3],(*p3)(),(*p4)[3];中 p1、p2、p3、p4 的含义。

解：p1 为指针变量，它指向整型量。

　　　p2 为数组，该数组由 3 个指向整型量的指针元素组成。

　　　p3 为指针变量，该指针指向一个函数，函数的返回值是整型。

　　　p4 为指针变量，它指向一个含有 3 个整型元素的数组。

（6）简述 int *f();和 int (*f)();的区别。

解：int *f();是返回指针值的函数的定义形式，该指针指向整型量。

int (*f)();是指向函数的指针的定义形式，函数的返回值是整型。

2．阅读程序写出执行结果

（1）下列程序的运行结果为_____。

```
#include<stdio.h>
void main()
{
    int a[4]={8,4,5,13},*p;
    p=&a[2];
    printf("++(*p)=%d\n",++(*p));
    printf("*--p=%d\n",*--p);
    printf("*p++=%d\n",*p++);
    printf("%d\n",a[0]);
}
```

解：输出的结果是

```
++(*p)=6
*(--p)=4
*p++=4
8
```

（2）下列程序的运行结果为_____。

```
#include<stdio.h>
#include<string.h>
void main()
{
    char c,*a="Office";int i;
    for(i=0;i<strlen(a)/2;i++)
    {   c=*a;
        strcpy(a,a+1);
        a[strlen(a)-1]=c;
        a[strlen(a)]='\0';
        puts(a);
    }
}
```

解：输出的结果是：

```
fficeO
ficeOf
iceOff
```

（3）下列程序的运行结果为_____。

```
#include<stdio.h>
void main()
{
    char *delsp(char *s);
    char s[]="    ab cd";
    puts(delsp(s));
}
char *delsp(char *s)
{
    char *t;
    for(t=s;*t==32;t++);
    return t;
}
```

解：输出的结果是

```
ab cd
```

（4）下列程序的运行结果为＿＿＿＿＿＿。

```
#include<stdio.h>
void main()
{
    int *a[10],b,c;
    a[0]=&b;
    *a[0]=5;
    c=(*a[0])++;
    printf ("%d,%d\n",b,c);
}
```

解：输出的结果是

```
6, 5
```

（5）下列程序的运行结果为＿＿＿＿＿＿。

```
#include<stdio.h>
void main()
{
    int a[2][3]={{1,2,3},{4,5,6}},m,*p;
    p=&a[0][0];
    m=(*p)*(*(p+2))*(*(p+4));
    printf("%d\n",m);
}
```

解：输出的结果是

```
15
```

（6）下列程序的运行结果为＿＿＿＿＿＿。

```
#include<stdio.h>
#include<stdlib.h>
void f(float *p1,float *p2,float *s)
{
    s=(float *)malloc(sizeof(float));    //malloc()函数功能为在内存中分配长度为
    *s=*p1+*(p2++);                       //sizeof(float)字节的连续空间
}
void main()
{
    float a[2]={1.0,2.0},b[2]={10.0,20.0},*s=a;
    f(a,b,s);
    printf("%f\n",*s);
}
```

解：输出的结果是

```
1.000000
```

3. 程序填空

（1）以下程序将数组 a 中的数据按逆序存放，请填空。

```
#include<stdio.h>
#define M 8
```

```
void main()
{
    int a[M],i,j,t;
    for(i=0;i<M;i++)
      scanf("%d",a+i);
    i=0;
    j=M-1;
    while(i<j)
      {
        t=*(a+i);
        _____①_____;
        *(____②____)=t;
        i++;j--;
      }
    for(i=0;i<M;i++)
      printf("%3d",*(a+i));
}
```

解： ①*(a+i)=*(a+j)   //将数组元素 a[j]的值赋给 a[i]

②a+j   //将中间变量 t 的值赋给 a[j]，实现两数交换

（2）以下程序的功能是求二维数组 a 中的最大值与二维数组 b 中的最大值之差，请填空。

```
#include<stdio.h>
#include<string.h>
float findmax(_____①_____)
{
    int i,j;
    float max=*x;
    for(i=0;i<m;i++)
      for(j=0;j<n;j++)
        if(*(x+i*m+j)>max)  max=_____②_____;
    return max;
}
void main()
{
    float _____③_____;
    int i,j;
    for(i=0;i<3;i++)
      for(j=0;j<3;j++)
        scanf("%f",&a[i][j]);
    for(i=0;i<2;i++)
      for(j=0;j<3;j++)
        scanf("%f",&b[i][j]);
    printf("%f\n",findmax(_____④_____)-findmax(b[0],2,3));
}
```

解： ① float *x,int m,int n   //根据main()函数中 findmax(b[0],2,3)得到函数参数列表

② *(x+i*m+j)   //找最大值，*(x+i*m+j)=x[i][j]

③ a[3][3],b[2][3]   //说明要比较的两个二维数组

④ a[0],3,3   //对二维数组 a[3][3]调用 findmax()函数找其最大值

（3）以下程序的功能是输入 10 个字符串，并将字符串按字典顺序从小到大排序，请填空。

```
#include<stdio.h>
#define N 10
int biggerthan(char *str1,char *str2 )   //若字符串 str1 大于 str2 时，则返回 1
{
    for(;*str1||*str2;_____①_____)
    {  if (*str1>*str2)
         return _____②_____;
       else if(*str1<*str2)
         return  0;
    }
    return  0;                          //两个字符串相等
}
void main()
{
    char  ls[N][100];
    char  *ps[N],*t;
    int  i,j;
    for(i=0;i<N;i++)
    {  gets(ls[i]);
       ps[i]=ls[i];
    }
    for(i=0;i<N-1;i++)                  //冒泡排序法
      for(j=0;j<N-i-1;j++)
        if(biggerthan(_____③_____))
        {  t=ps[j];
           _____④_____;
           _____⑤_____;
        }
    for(i=0;i<N;i++)
      printf("%s\n",ps[i]);
}
```

解： ① str1++,str2++   //字符指针后移，指向字符串中下一个字符
② 1   //若字符串 str1 大于 str2 时，则返回 1
③ ps[j],ps[j+1]   //比较相邻两字符串的大小
④ ps[j]=ps[j+1]   //交换指针数组中相邻两指针的指向
⑤ ps[j+1]=t   //交换指针数组中相邻两指针的指向

4. 编程实验题

（1）利用指针编写程序，分别统计字符串中英文字母、数字字符和其他字符的个数。

【分析】 用指针指向字符串，从第一个字符开始比较，如遇到字母（大小写不区分），则将字母计数器加 1，如遇到数字，则将数字计数器加 1，直到遇到字符串结束符'\0'。

【程序代码】

```
#include<stdio.h>
void main()
{ char s[80],*ps;
  int a,b,c;
```

```
    a=b=c=0;
    gets(s);
    ps=s;
    while(*ps!='\0')
    {
        if((*ps>='A'&&*ps<='Z')||(*ps>='a'&&*ps<='z'))a++;
        else if(*ps>='0'&&*ps<='9')b++;
        else c++;
        ps++;
    }
    printf("中英文字母:%d,数字字符:%d,其他字符:%d",a,b,c);
}
```

（2）利用指针编写程序，删除字符串中的所有数字字符。

【分析】用指针指向字符串，从第一个字符开始比较，如果遇到数字字符，则将下一个位置开始的所有字符复制到当前指针所指向的位置，直到遇到字符串结束符'\0'。

【程序】略。

（3）利用指针编写程序，找出一维整型数组中的最大值与最小值并交换位置。

【分析】定义两个指针指向二维数组中的元素，移动指针逐个判断数组元素是否比当前最大值大，将最大值指针指向当前元素，再判断是否比当前的最小值要小，是则将最小值指针指向当前元素，最后交换两个指针指向。

【程序代码】

```
#include<stdio.h>
void main()
{
    int a[10]={10,8,4,6,3,1,17,25,5,2},i,*pmax,*pmin,temp;
    pmax=a;pmin=a;
    for(i=0;i<10;i++)
    {
        if(*pmax<a[i])pmax=&a[i];
        if(*pmin>a[i])pmin=&a[i];}
        temp=*pmax;*pmax=*pmin;*pmin=temp;
        for(i=0;i<10;i++)printf("%d,",a[i]);
}
```

（4）利用指针编写程序，从键盘上输入 10 个整数存放到一维数组中，统计所有偶数之和及奇数之和，输出偶数和与奇数和之差。

【分析】用指针指向整型数组，从第一个数组元素开始判断，判断是偶数还是奇数并分别累加求和，直到 10 个数据都判断完。

【程序】略。

（5）编写子函数求学生的平均分，学生分数在主函数中通过数组传递给子函数。

【分析】将学生的平均分作为函数的一个指针参数进行传递，在被调函数中求出学生的平均分赋给该指针指向的变量即可。

【程序代码】

```
#include<stdio.h>
void average(float a[],int n,float *aver)
```

```
{   int i;
    float sum=0;
    for(i=0;i<n;i++)
        sum+=a[i];
    *aver=sum/n;
}
void main()
{
    float a[10],aver;
    int i;
    for(i=0;i<10;i++)
        scanf("%f",&a[i]);
    average(a,10,&aver);
    printf("average=%f\n",aver);
}
```

（6）通过参数传递，计算自然数 n 的阶乘，n 的值由主函数输入，求 n! 由子函数完成，结果在主函数中输出。

【分析】将 n 的阶乘的结果作为函数的一个指针参数，带回到主调函数中。

【程序】略。

（7）编写一个函数，用指针方法，求 3×3 矩阵主对角线元素之和。

【分析】指针作为函数参数，主函数传递矩阵首地址给子函数，子函数利用指针依次指向矩阵对角线元素，然后求和，主对角线元素之和通过 return() 返回给主函数。

【程序代码】
```
#include<stdio.h>
int fun(int *p)
{
int i,sum=0;
 for(i=0;i<3;i++)sum+=(*p+3*i+i);
return sum;
}
void main()
{
int a[3][3],i,j;
 for(i=0;i<3;i++)
  for(j=0;j<3;j++)
  scanf("%d",&a[i][j]);
 printf("%d\n",fun(a));
}
```

（8）用指针数组实现：输入整数 1~12，输出该数字对应月份的英文名称，输入其他数字结束程序。

【分析】数字 1~12 所对应月份的英文名称是字符串，可以用一个含有 12 个元素的数组存储，每个数组元素是指向字符串的指针。通过输入的数据输出对应数组元素指向的字符串。

【程序代码】略。

7.3 常见错误和难点分析

1. 使用指针之前，指针没有指向确定的内存地址

例如：

```
int *p;
*p=5;
```

执行语句*p=5;时程序向 p 所指向的随机地址内写入数据 5，可能引起系统崩溃。又如：

```
char *str;
scanf("%s",str);
```

指向字符的指针没有具体指向，scanf()函数接收的数据是不可控制的，通常是先定义一个字符数组，让指针指向该字符数组：

```
char s[20],*str;
str=s;
scanf("%s",str);
```

所以指针在使用之间要赋值使其指向有效地址。

2. 赋给指针变量的值是非地址值

例如：

```
float a,*p;
p=a;
```

3. 指针超出数组范围

例如：

```
int a[10],*p,i;
p=a;
for(i=0;i<10;i++)
{
scanf("%d",p);p++;}
for(i=0;i<10;i++)
{
printf("%d ",*p);p++;
}
```

第一个 for 循环结束后指针 p 指向数组 a 以外的地方，第二个 for 循环所打印的数据不再是数组元素。

4. 在函数调用时，指针参数必须使用地址

例如：

```
void swap(int *x,int y)
{
    …
}
void main()
{   int a,b;
    …
```

```
swap(a,b);
  …
}
```

调用 swap()函数时，实参 a 的使用出错。

7.4　测　试　题

1. 阅读程序写出执行结果

（1）下列程序的运行结果为_____。

```
#include<stdio.h>
void main()
{
    int a=3,b=6,c=9;
    int *pa=&a,*pb=&b,*p;
    *(p=&c)=*pa*(^pb);
    printf("%d\n",c);
}
```

（2）下列程序的运行结果为_____。

```
#include<stdio.h>
#define N sizeof(a)/sizeof(a[0])
void main()
{
    int a[6]={10,20,30,40},i,*p=a,*p1=&a[5];
    p1=p1-4;
    *p1++=15;
    *p1=*(++p)*2;
    for(i=3;i<N;i++)
        p[i]=20+i*10;
    for(i=0;i<N;i+=2)
        printf("%d\t%d\n",a[i],a[i+1]);
}
```

（3）下列程序的运行结果为_____。

```
#include<stdio.h>
void main()
{
    int c1=0,c2=0,c3=0,c4=0;
    char *p="12395632123378";
    while (*p)
      {
      switch (*p)
        {
          case '1':c1++;break;
          case '2':c2++;
          case '3':c3++;break;
          default:c4++;
        }
        p++;
```

```
        }
    printf("c1=%d,c2=%d,c3=%d,c4=%d\n",c1,c2,c3,c4);
}
```

（4）下列程序的运行结果为_____。

```
#include<stdio.h>
int a=2;
int f(int *a)
{
    return (*a)++;}
void main()
{
  int s=0;
  {  int a=5;
      s+=f(&a);
  }
    s+=f(&a);
    printf("%d\n",s);
}
```

（5）下列程序的运行结果为_____。

```
#include<stdio.h>
#include<string.h>
void fun(char *w,int n)
{
    char t,*s1,*s2;
    s1=w;s2=w+n-1;
    while(s1<s2)
     {
        t=*s1++;
        *s1=*s2--;
        *s2=t;
      }
}
void main()
{
    char p[]="1234567";
    fun(p,strlen(p));
    puts(p);
}
```

（6）下列程序的运行结果为_____。

```
#include<stdio.h>
void func(int *x,int y)
{
    static int k=3;
    y=*x+y;
    *x=y%k;
    k++;
    printf("*x=%d,y=%d\n",*x,y);
}
void main()
```

```
{
    int x=12,y=5;
    func(&x,y);
    printf("x1=%d,y1=%d\n",x,y);
    func(&y,x);
    printf("x2=%d,y2=%d\n",x,y);
}
```

2. 程序填空

（1）以下 conj()函数的功能是将两字符串连接起来，请填空。

```
char *conj(char *s,char *t)
{
    char *p=s;
    while(*s)
        _____①_____;
    while(*t)
    {
        *s= _____②_____;
        s++;
        t++;
    }
    *s='\0';
    _____③_____;
}
```

（2）以下 m()函数的功能是整理数组 a[]的前 n 个元素，使其中小于零的元素移到数组的前端，大于零的元素移到数组的后端，等于零的元素留在数组的中间，请填空。算法说明：令 a[0]至 a[low-1]小于零（初始为空）；a[low]至 a[i-1]等于零；a[high+1]至 a[n-1]大于零；a[i]至 a[high]还未考察，当前考察元素为 a[i]。

```
m(int *a,int n)
{
    int i,low,high,t;
    for(low=i=0,high=n-1;i<=high;)
        if(a[i]<0)
        {
            t=a[i];_____①_____;a[low]=t;
            _____②_____;
            i++;
        }
        else if(_____③_____)
        {
            t=a[i];a[i]=a[high];_____④_____;
            high--;
            i++;
        }
        else
            _____⑤_____;
}
```

3．编程实验题

（1）利用指针编写程序，输入 3 个整数，按从小到大的顺序输出。

（2）利用指针编写程序，将数组元素逆序输出。

（3）利用指向行的指针变量求 5×3 数组各行元素之和。

（4）利用指针编写程序，实现两个字符串的连接，如输入字符串 abcd 和字符串 efaaa，输出 abcdefaaa。

（5）利用指针编写程序，输入一个字符串（少于 80 个字符），检查其括号的使用是否正确，如果正确，则输出 YES，否则，输出 NO。（说明：①字符串中左括号和右括号的数量相同。②从字符串首字符起自左向右顺序检查其中的字符，遇到的右括号的个数在任何时候都不超过所遇到的左括号的个数）。

（6）利用指针编写程序，有一字符串包含 N 个字符，写一个函数将字符串中从第 M 个字符开始的全部字符复制成为另一个字符串。

（7）利用指针编写程序，输入 10 个字符串，对字符串进行选择法排序，最后输出排序结果。

（8）利用指针编写程序，输出 3×4 的矩阵及其转置矩阵。

4．调试与改错

（1）下列程序功能是对 3 个字符串进行排序。调试并修改该程序使其能运行得到正确的结果。

```c
#include<stdio.h>
void main()
{
    char str1[]="teacher",str2[]="class",str3[]="student";
    char *tmp;
    if(str1<str2)
        tmp=str1,str1=str2,str2=tmp;
    if(str1<str3)
        tmp=stri,str1=str3,str3=tmp;
    if(str2<str3)
        tmp=str2,str2=str3,str3=tmp;
    printf("str1=%s\tstr2=%s\tstr3=%s\n",str1,str2,str3);
}
```

（2）下列程序功能是输入一个字符串并以回车符结束，把字符串中的数字字符转换为整数，去掉其他字符。如输入：3a78cc45rfdfd ko59a，则输出：3784559。调试并修改该程序使其能运行得到正确的结果。

```c
#include<stdio.h>
long stol(char *s)
{
    long number=0;
    while(*s!='\0')
    {
        if(*s>=0&&*s<=9)
        number=number*10+*s-'0';
        s++;
    }
    return number;
}
void main()
```

```
{
    char s[80];
    gets(s[80]);
    printf("number=%d",stol(s));
}
```

（3）下列程序功能是统计一个字符串中各个字母出现的次数，统计时不区分大小写。对数字、空格及其他字符不予统计，最后在屏幕上显示统计结果。如对于字符串 abcdefg23 ABCDE abc 的统计结果输出格式为

a b c d e f g h i j k l m n o p q r s t u v w x y z 出现次数为：

3 3 3 3 2 2 1 1 0 0 0 0 0 0 0 0 0 0 0 0 0 0 0 0 0 0

调试并修改该程序使其能运行得到正确的结果。

```
#include<stdio.h>
#include<string.h>
void main( )
{
    int i,a[26];
    char ch,str[80],*p=str;
    gets(&str);                            //获取字符串
    for(i=0;i<26;i++)a[i]=0;               //初始化字符个数
      while(*p)
       {
          ch=(*p)++;                       //移动指针统计不同字符出现的次数
          ch=ch>='A'&&ch<='Z'?ch+'a'-'A':ch; //大小写字符转换
          if('a'<=ch<='z')
            a[ch-'a']++;
       }
    for(i=0;i<26;i++)
      printf("%2c",'a'+i);
    printf("出现的次数为:\n");
    for(i=0;i<26;i++)
      printf("%2d",a[i]);
    printf("\n");
}
```

第 **8** 章

结构类型和链表

8.1 知 识 要 点

结构体类型是 C 语言的一种构造数据类型，它是多个相关的不同类型数据的集合。

1．结构体类型定义

struct 结构体类型名

```
{    成员 1 的数据类型名 成员名表1；
     成员 2 的数据类型名 成员名表2；
        ⋮
     成员 n 的数据类型名 成员名表n；
};
```

2．结构体变量的定义

结构体变量的定义有三种形式：

① 先定义结构体类型，后定义结构体变量。

② 定义结构体类型的同时定义结构体变量。

③ 不定义结构体类型名，直接定义结构体变量。

3．结构体变量的引用

对结构体的引用只能是对成员的引用，结构体变量中的任一成员可以表示为：

结构体变量名.成员名

指向结构体变量指针名–>成员名

(*指向结构体变量指针名).成员名

对结构体变量和结构体数组进行初始化可使用初始值表。

4．结构体与数组

C 语言中数组元素可以是结构体变量，结构体变量的成员也可以是数组。数组元素是同一结构体类型的数组称为"结构体数组"。

5．结构体与指针

结构体变量中的成员可以是指针变量，也可以定义指向结构体的指针变量，指向结构体的指针变量的值是某一结构体变量在内存中的首地址。

结构体指针的定义形式：

```
struct 结构体类型名 *结构体指针变量名
```

6．用指针处理链表

结构体的成员可以是指针类型，并且这个指针类型就是本结构体类型，因此可以构造出一种动态数据结构——链表，链表的大小在程序执行期间可动态地变化。

链表的每个结点都是结构体类型的变量，一般由数据域和指针域两部分组成。链表的常见操作有建立和输出（遍历）链表、插入和删除结点等。

8.2　习　题　解　答

1．问答题

（1）比较结构体与数组的异同？

解： 相同点：它们都是构造类型，也就是说，它们都由若干个数据组合而成，而且在物理上它们分配的空间都是地址连续的。

不同点：数组成员的数据类型必须相同，而结构体成员的数据类型可以不同。例如，全班学生就可以使用数组存储，因为全班每个同学的信息都包括学号、姓名、出生日期、性别等基本信息，而每个学生又必须使用结构体存储，因为学号、姓名、出生日期、性别这些基本信息的数据类型都不相同。

（2）若有定义：

```
struct date{
    int day;
    char month;
    int year;
}d1,*pd=&d1;
```

用两种方式将日期 2014 年 9 月 9 日的年月日分别赋给结构体变量 d1。

解： pd->day=9; pd->month=9;pd->year=2014;

或 d1.day=9;d1.month=9;d1.year=2014;

（3）假设建立了如图 8-1 所示的链表结构，指针 p 指向一个新结点，写出将新结点插入到链表成为头结点的语句（插入后指针 head 仍然指向链表头结点）。

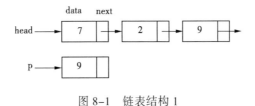

图 8-1　链表结构 1

解： p->next=head;
　　 head=p;

（4）假定建立了如图 8-2 所示的链表结构，指针 p、q 分别指向如图 8-2 所示的结点，写出将 q 所指结点从链表中删除并释放该结点的语句。

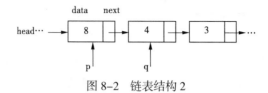

图 8-2　链表结构 2

解：(*p).next=(*q).next;或者 p->next = q->next;
　　free(q);

2. 阅读程序写出执行结果

（1）#include<stdio.h>

```c
struct house{
    float height;
    int stories;
    char address[30];
};
void main()
{
    struct house hh={10.5,3,"320 jiefang road"};
    struct house *hp;
    hp=&hh;
    printf("%d %5.2f\n",hp->stories,hh.height);
    printf("%s\n",hp->address);
    printf("%c\n",hh.address[6]);
}
```

解：输出的结果是

```
3 10.50
320 jiefang road
e
```

（2）#include<stdio.h>

```c
struct student{
    char num[8];
    float score[3];
};
void main()
{
    struct student s[3]={{"10001",86,93,84},
                    {"10002",88,90,75},
                    {"10003",96,92,90}},*ps=s;
    int i;
    float sum=0;
    for(i=0;i<3;i++)
       sum=sum+ps->score[i];
    printf("%6.2f\n",sum);
}
```

解：输出的结果是

```
263.00
```

（3）
```c
#include<stdio.h>
struct sn{
    int a;
    int *b;
}*p;
int d[3]={10,20,30};
struct sn t[3]={70,&d[0],80,&d[1],90,&d[2]};
void main()
{
    p=t;
    printf("%d,%d\n",++(p->a),*++p->b);
}
```

解：输出的结果是

71,20

（4）
```c
#include<stdio.h>
int leap_year(int year)
{
    return year%4==0&&year%100||year%400==0;
}
void main()
{
    int month_day[]={31,28,31,30,31,30,31,31,30,31,30,31 },days,i;
    struct date {
        int year;
        int month;
        int day;
    }mdate={2010,5,1};
    if(leap_year(mdate.year))
        month_day[1]++;
    for(i=1,days=mdate.day;i<mdate.month;i++)
        days+=month_day[i-1];
    printf("%d-%d is the %dth day in %d\n",mdate.month,mdate.day,days,mdate.year);
}
```

解：输出的结果是

5-1 is the 121th day in 2010

3．程序填空

（1）函数 move()的功能是将结点数大于 1 的链表（无表头结点）中最后一个结点链接到表头上，成为链表的第一个结点，请填空。

```c
#include<stdlib.h>
struct student{
    char name[8];
    int score;
    struct student *next;
};
struct student *move(struct student *head)
{
    struct student *q,*p;
```

```
q=p=head;
while(p->next!=NULL)
 { q=p;
      ____①____ ;
  }
q->next=NULL ;
p->next=head ;
    ____②____ ;
return head;
}
```

解： ① p=p->next   //指针后移，指向链表中下一个结点

② head=p   //头指针指向原链表的最后一个结点，使其成为第一个结点

（2）已建立学生成绩链表（带表头结点），函数 print()用于输出成绩优秀学生的信息及人数，请填空。

```
#include<stdlib.h>
struct student{
    int num;              //学号
    float score;          //分数
    struct student *next;
};
void print(struct student *head)
{
struct student *p;
    ____①____ ;
  if(head!=NULL)
  { ____②____ ;
     while(p!=NULL)
     { if(____③____)
        {  printf("%7d%6.1f\n",p->num,p->score);count++;
}
        p=p->next;
      }
     printf("%d\n",count);
   }
}
```

解： ① int count=0   //优秀学生人数赋初值为 0

② p=head->next   //由于链表带表头结点，所以 p 指向表头结点的后一个结点

③ p->score>=90   //学生结点的分数值达到优秀

（3）下列程序的功能是输入 5 个学生的学号和分数，使用选择排序法按照分数从大到小的顺序排序后输出，请填空。

```
struct student{
    int num;              //学号
    float score;          //分数
}st[5];
void main()
{
    int i,j,k;
```

```
        int temp1;
        float temp2;
        for(i=0;i<5;i++)
            scanf("%d,%f",&st[i].num,_____①_____);
        for(i=0;i<4;i++)
        {   k=i;
            for (j=i+1;j<5;j++)
                if(st[k].score<st[j].score)
                    _____②_____;
            _____③_____
            temp2=st[k].score;st[k].score=st[i].score;st[i].score=temp2;
        }
        for(i=0;i<5;i++)
            printf("%d,%f\n",st[i].num,st[i].score);
    }
```

解：① &st[i].score   //输入学生分数

② k=j   //将本趟最高分学生位置记录在 k 中

③ temp1=st[k].num;st[k].num=st[i].num;st[i].num=temp1; //交换学号

（4）函数 creatlist()的功能是建立一个带头结点的单向链表，新产生的结点插在链表的末尾，单向链表的头指针作为函数值返回，请填空。

```
#include<stdio.h>
#include<stdlib.h>
struct list{
    int data;
    struct list *next;
};
struct list *creatlist()
{
    struct list *head,*p,*q;
    int x;
    head=(_____①_____)malloc(sizeof(struct list));
    p=q=head;
    printf("Input an integer number, enter 0 to end:\n");
    scanf("%d",&x);
    while(x!=0)
    {   p=(_____②_____)malloc(sizeof(struct list));
        p->data=_____③_____;
        q->next=p;
        q=p;
        scanf("%d",&x);
    }
    p->next=NULL;
    _____④_____;
}
void main()
{
    struct list *h;
    h=creatlist( );
}
```

解： ① `struct list *`　　　 //动态申请内存空间，并将得到的结点的首地址赋值给 head 指针

② `struct list *`　　　 //动态申请内存空间，并将得到的结点的首地址赋值给 p 指针

③ `x`　　　　　　　　 //将要插入的数据赋值给新结点数据域

④ `return head`　　　 //返回链表的头指针

4. 编程实验题

（1）staff 结构体说明如下：

```
struct staff{
    char *name[20];      //姓名
    int age;             //年龄
};
```

结构体数组 st 中存有某单位 10 名同事的姓名和年龄，编程输出最年长者的姓名和年龄。

【分析】 该问题是求最值问题，与前面几章的区别是结构体的引入，注意结构体类型的说明、结构体数组的定义和使用的格式。

【程序代码】

```
#include<stdio.h>
struct staff{
    char name[20];       //姓名
    int age;             //年龄
};
void main()
{
    struct staff st[10]={{"ZhangShan",42},{"ZhaoQin",38},
                {"LiFang",40},{"WangLing",36},
                {"SuSan",26},{"LiTong",37},
                {"MaYuan",32},{"LiuMeng",29},
                {"HouHai",45},{"TongRui",35}};
    int max=st[0].age;
    int t=0,i;
    for(i=1;i<10;i++)
        if(st[i].age>max) {max=st[i].age; t=i;}
    printf("The oldest staff is %s.\n",st[t].name);
}
```

（2）有 10 个学生，每个学生的信息包括学号、姓名、三门课的成绩。数据从键盘输入，并按各个学生的三门课平均成绩从高分到低分打印出这 10 个学生的学号、姓名以及个人平均成绩。

【分析】 要分别实现结构体数组的输入、结构体数组的排序和结构体数组的输出（遍历）函数，然后组合在主函数中。

【程序代码】 略。

（3）已有两个按学号升序排序的链表，结点包括学号和成绩。编程合并这两个链表，仍然按学号升序排列。（提示：已有两个链表中的数据记录没有重复。）

【分析】 先初始化两个链表并分别插入结点（要求按学号升序排列），然后进行链表 HA 和 HB 的合并，合并后结果在链表 HA 中且仍保持按学号升序排列。

【程序代码】

```
#include<stdio.h>
```

```
#include<stdlib.h>
typedef struct student
{
    long num;
    int score;
    struct student *next;
}STD;
int n,sum=0;
STD *init_linklist()            //链表初始化函数
{
    STD *head;
    head=(STD *)malloc(sizeof(STD));
    if(head==NULL)
    { printf("没有足够内存空间! \07\n");exit(0);  }
    head->next=NULL;
    head->num=0;
    head->score=0;
    return head;
}
void creat(STD *head)           //建立链表的函数，输入时按学号升序排序，返回表头结点指针
{
    STD *p,*t;
    p=head;
    printf("\n请输入学生学号，成绩（学号为 0 时结束）: \n");
    do
    {   t=(STD *)malloc(sizeof(STD));
        if(t==NULL)
        {   printf("没有足够内存空间! \07\n");
            exit(0);
        }
        scanf("%ld,%d",&t->num,&t->score);
        if(t->num==0) break;
        while(p->next!=NULL) p=p->next;
        p->next=t;
        t->next=NULL;
    }while(1);
}
void merge(STD *HA,STD *HB) //两个链表合并，合并后存在 HA 链表中并保持升序排序
{
    STD *p,*q,*pre,*temp;
    pre=HA;
    p=HA->next;
    q=HB->next;
    while(p!=NULL&&q!=NULL)
    {   if(p->num<q->num)
        {   pre=p;
            p=p->next;
        }
        else
        {   temp=q->next;
```

```
                    pre->next=q;
                    q->next=p;
                    q=temp;
                    pre=pre->next;
            }
        }
        if(q) pre->next=q;
}
void print(STD *head)                        //输出（遍历）以 head 为表头的链表结点
{
    STD *p;
    int count=0;
    p=head->next;
    while(p!=NULL)
    {   count++;
        p=p->next;
    }
    printf("共有%d个学生的信息如下: \n",count);
    p=head->next;
    while(p!=NULL)
    {   printf("%6ld %3d,\t",p->num,p->score);
        p=p->next;
    }
    printf("\n");
}
void main()
{
    STD *HA,*HB;                              //定义链表有关变量
    HA=init_linklist();
    HB=init_linklist();
    printf("\n建立链表A: ");
    creat(HA);
    printf("\n建立链表B: ");
    creat(HB);
    printf("\n浏览链表A: \n");
    print(HA);
    printf("\n浏览链表B: \n");
    print(HB);
    merge(HA,HB);
    printf("\n浏览合并结果链表: \n");
    print(HA);
}
```

（4）输入一批正整数，以与输入次序相反的顺序建立链表，并输出该链表。

【分析】

定义结构类型，包括整型数据域和指针域，每输入一个数据时产生相应的结点，并将该结点插入到链表的头部，即以输入次序相反的顺序建立了链表。

【程序代码】略。

8.3 常见错误和难点分析

1. 混淆结构体类型和结构体变量，如：

```
struct student{
    struct date{
        int year,month,day;
    }birthday;
};
struct student a;
```

其中，struct student 是类型名称，不会在内存中分配任何存储空间，只有定义了结构体类型的变量 a 后，才会为 a 分配相应的内存空间。

2. 结构体变量的成员引用不正确，特别是当结构类型中有嵌套定义时，如：上例中引用学生 a 的出生年份必须是 a.birthday.year 的形式。

3. 错误的对一个结构体类型赋值，如：

```
#include<stdio.h>
struct{
    int a;
    int b;
    int c=3                //不能对结构体类型赋值
}n;
void main()
{
  printf("%d\n",n.c);
}
```

程序应该修改为：

```
#include<stdio.h>
struct{
    int a;
    int b;
    int c;
}n;
void main()
{
    n.c=3;
    printf("%d\n",n.c);
}
```

4. 对结构体变量进行输入输出的时候，整体输入或整体输出。除作为函数参数外，不能对结构体变量整体操作，只能一个成员一个成员地输入、输出。

5. 单独定义结构体变量时，漏掉 struct 关键字，只写结构体类型名，如：

```
struct staff
{
    long num;
    char name[20];
    char sex;
    struct date{
```

```
        int year,month,day;
    }birthday;
    float salary;
    char addr[30];
};
staff staff1,staff2;                //错误定义
struct staff staff1,staff2;         //正确定义
```

使用类型定义符 typedef 给结构体类型起一个别名，可避免此类错误。

6. 定义一个结构体指针变量后直接对结构体指针变量所指向的结构体成员进行操作。如：

```
struct data{
    int a;
    float b;
}
void main()
{
    struct data *p;
    p->a=2;
    p->b=3.14;
    printf("%d,%f",p->b,p->a);
}
```

在操作结构体指针变量前必须为结构体指针变量赋予一个有效的结构体变量地址，程序修改为：

```
struct data{
    int a;
    float b;
}
void main()
{
    struct data dd,*p;
    p=&dd;                  //为结构体指针变量赋予有效的结构体变量地址
    p->a= 2;
    p->b = 3.14;
    printf("%d,%f",p->b,p->a);
}
```

7. 单链表的定义和基本运算中，包括链表初始化、插入结点、删除结点、遍历、求长度等，注意语句的先后顺序不能随意颠倒。

8.4 测 试 题

1. 阅读程序写出执行结果

（1）下列程序的运行结果为_____。

```
#include<stdio.h>
struct info{
    char a,b,c;
};
void main()
{
```

```
    struct info s[2]={{'a','b','c'},{'d','e','f'}};
    int t;
    t=(s[0].b-s[1].a)+(s[1].c-s[0].b);
    printf("%d\n",t);
}
```

（2）下列程序的运行结果为_____。

```
#include <stdio.h>
struct ks{
    int a;
    int *b;
}s[4],*p;
void main()
{
    int n=1,i;
    for(i=1;i<4;i++)
    {   s[i].a=n;
        s[i].b=&s[i].a;
        n+=2;
    }
    p=&s[0];
    p++;
    printf("%d,%d\n",(++p)->a,(p++)->a);
}
```

（3）下列程序的运行结果为_____。

```
#include<stdio.h>
struct n{
    int x;
    char c;
};
void func(struct n b)
{
    b.x=20;
    b.c='y';
}
void main()
{
    struct n a={10,'x'};
    func(a);
    printf("%d,%c\n",a.x,a.c);
}
```

（4）下列程序的运行结果为_____。

```
#include<stdio.h>
union myun{
    struct{
        int x,y,z;
    }u;
    int k;
}a;
void main()
```

```
{
    a.u.x=4;
    a.u.y=5;
    a.u.z=6;
    a.k=0;
    printf("%d\n",a.u.x);
    printf("%d\n",a.u.y);
}
```

2. 程序填空

（1）以下程序用于在结构体数组中查找分数最高和最低的同学姓名和成绩，请填空。

```
#include<stdio.h>
void main()
{
    int max,min,i,j;
    struct{
    char name[8];
        int score;
    }stud[5]={"李好",92,"王兵",74,"钟虎",83,"孙逊",60,"刘军",85};
    max=min=0;
    for(i=1;i<5;i++)
    {   if(stud[i].score>stud[max].score)
            ____①____ ;
        else if(stud[i].score<stud[min].score)
            ____②____ ;
    }
    printf("最高分:%s,%d\n",____③____,____④____);
    printf("最低分:%s,%d\n",____⑤____,____⑥____);
}
```

（2）以下程序用来统计一个班级（N 个学生）的学习成绩，每个学生的信息由键盘输入，存入结构体数组 s[N]中；然后按学生成绩进行排序，并对学生的成绩进行优（90~100）、良（80~89）、中（70~79）、及格（60~69）和不及格（<60）的统计，最后输出排序后的学生成绩信息表，并统计各成绩分数段学生人数，请填空。

```
#include<stdio.h>
#define N 30
struct student
{
    int score;              //学生成绩
    char name[10];          //学生姓名
}s[N];
void swap(struct student *ps1,struct student *ps2)
{
    struct student tmp;
    tmp.score=ps1->score;
    ps1->score=ps2->score;
    ps2->score=tmp.score;
    strcpy(tmp.name,ps1->name);
    strcpy(ps1->name,ps2->name);
```

```
        strcpy(ps2->name,tmp.name);
}
void sort(struct student st[],int n)
{
    int i,j,temp;
    for(i=0;i<n-1;i++)
    {   temp=i;
        for(j=i+1;j<n;j++)
            if(st[j].score>st[temp].score)temp=j;
        swap(_____①_____);
    }
}
void main()
{
    int i,score90,score80,score70,score60,score_failed;
    for(i=0;i<N;i++)
    scanf("%d %s",_____②_____);     //输入 N 个学生成绩、姓名，存入数组 s 中
    sort(s,N);
    _____③_____=0;
    for(i=0;i<N;i++)
    {
        switch(_____④_____)         //对学生的成绩进行优、良、中、及格和不及格统计
        {   case 10:
            case 9: score90++; break;
            case 8: score80++; break;
            case 7: score70++; break;
            case 6: score60++; break;
            _____⑤_____: score_failed++;
        }
    }
    for(i=0;i<N;i++)                   //输出排序后学生成绩、姓名
    printf("%d %s\n",s[i].score, s[i].name) ;
    printf("a优 %d\nb良 %d\nc中 %d\nd及格 %d\ne不及格 %d\n",
    score90,score80,score70,score60,score_failed) ;
}
```

3．编程实验题

（1）定义一个结构体变量（包括年、月、日）。计算输入的某个日期是当年中的第几天？（注意考虑闰年问题）

（2）某班有 5 个学生，学生信息包括学号、姓名及三门课成绩。分别编写 3 个函数实现以下要求：

① 求各门课的平均分；

② 找出有两门以上不及格的学生，并输出其学号和不及格课程的成绩；

③ 找出三门课平均成绩在 85～90 分的学生，并输出其学号和姓名；

主程序输入 5 个学生的成绩，然后调用上述函数输出结果。

（3）建立一个链表，每个结点包括：学号、姓名、性别、年龄，输入一个学号，如果链表中的结点包括该学号，则输出该结点内容后，并将其结点删去。

4．改错与调试

（1）下列程序功能是输出两结构体成员的乘积。调试并修改该程序使其能运行得到正确的结果。

```c
#include<stdio.h>
struct{
    int a;
    int b;
}n[2]={1,5,3,9};
void main()
{
    printf("%d\n", n.b[0]*n.a[1]);
}
```

（2）下列程序功能是输出结构体成员的值。调试并修改该程序使其能运行得到正确的结果。

```c
#include<stdio.h>
struct{
    int a;
    int b;
    int c=3;
}n;
void main()
{
    printf("%d\n",n.c);
}
```

（3）下列程序功能是统计链表（无表头结点）中元素的个数。调试并修改该程序使其能运行得到正确的结果。

```c
#include<stdio.h>
#include<stdlib.h>
struct list{
    char data;
    struct list *next;
};
int cal(struct list *head)
{
    struct list p;
    int count;
    p=head;
    while(p==NULL)
    {   count++;
        p=p->next;
    }
    return count;
}
```

第9章

数据文件

9.1 知 识 要 点

1. 文件和文件指针

文件是指一组相关数据的有序集合，文件可分为 ASCII 码文件（或文本文件）和二进制码文件两种。

- ASCII 码文件：将数据作为一个一个字符，按照它的 ASCII 代码存放，称为 ASCII 文件或文本（text）文件。
- 二进制文件：按照数据值的二进制代码存放，称为二进制文件。

文件指针是指向文件的指针变量，通过文件指针可对它所指的文件进行各种操作。

定义文件指针方法：

`FILE *指针变量标识符;`

2. 文件的打开与关闭

文件在进行读/写操作之前要先打开，使用完毕要关闭。

fopen()函数用来打开一个文件，然后返回有关的文件指针。

打开文件方法：

`文件指针名=fopen(文件名, 使用文件方式);`

例如：`fp=fopen("test.txt","r");`以读方式打开文件 test.txt。

fclose()函数关闭文件。

例如：`fclose(fp);`关闭 fp 所指文件 test.txt。

3. 文件读/写操作

读操作：从文件中输入数据，赋给程序里的变量的操作。

写操作：把程序中变量的值输出到文件里的操作。

对文件的读和写是最常用的文件操作。在 C 语言中提供了多种文件读/写的函数：

① 格式化读写函数：fscanf() 和 fprintf()。

② 字符读写函数：fgetc() 和 fputc()。

③ 字符串读写函数：fgets() 和 fputs()。

④ 数据块读写函数：fread() 和 fwrite()。

9.2 习题解答

1．问答题

（1）什么是文件？什么是文件指针？

解：略。

（2）文件的打开与关闭的含义是什么？有什么意义？

解：略。

（3）fopen()函数的 mode 取值 w 和 a 时都可以写入数据，它们之间的差别是什么？

解：用"w"打开的文件只能向该文件写入。若打开的文件不存在，则以指定的文件名建立该文件，若打开的文件已经存在，则将该文件删去，重建一个新文件。

用"a"方式打开文件，只能向一个已存在的文件追加新的信息。但此时该文件必须是存在的，否则将会出错。

（4）函数 rewind()的作用是什么？

解：函数 rewind()的功能是把文件内部的位置指针移到文件首。其返回值：正确返回 0；错误返回非 0。

2．阅读程序写出执行结果

（1）下列程序的运行结果为＿＿＿＿＿＿＿＿。

若文件 test1.txt 中的内容是：`hello world!`

```
#include<stdio.h>
void main()
{
    FILE *fp;
    int count=0;
    char ch;
    if((fp=fopen("test1.txt","r"))==NULL)
      {
         printf("cannot open file\n");
         exit(0);
      }
    while((ch=fgetc(fp))!=EOF)
      {  count++;  }
    printf("%d\n",count);
    fclose(fp);
 }
```

解：程序运行结果为

`12`

（2）下列程序的运行结果为＿＿＿＿＿＿＿＿。

若文件 test2.txt 中的内容是：`24 -4 89 0 34 -45`

```
#include<stdio.h>
void main()
{
```

```
    FILE *fp;
    int p=0,n=0,z=0,temp;
    if((fp=fopen("test2.txt","r"))==NULL)
      {
        printf("cannot open file\n");
        exit(0);
      }
    while(!feof(fp))
      {
        fscanf(fp,"%d",&temp);
        printf("%d ",temp);
        if(temp>0)  p++;
        else if(temp<0)  n++;
        else  z++ ;
      }
    fclose(fp);
    printf("positive=%d,negetive=%d,zero=%d\n",p,n,z);
}
```

解：程序运行结果为

24 -4 89 0 34 -45 positive=3,negetive=2,zero=1

（3）下列程序的运行结果为＿＿＿＿＿＿＿＿。

若文件 test3.txt 中的内容是：what a small world

```
#include<stdio.h>
void main()
{
    FILE *fp;
    char ch[80],i;
    if((fp=fopen("test3.txt","r"))==NULL)
      {
        printf("cannot open file\n");
        exit(0);
      }
    while(!feof(fp))
      {
        fread(ch,sizeof(char),10,fp);
        ch[10]='\0';
        puts(ch);
      }
    fclose(fp);
}
```

解：程序运行结果为

```
 what a sma
 ll worldma
```

注意：第二行最后输出的 ma 是第一次读入数组的后两个字符，因为第二次读入数组只有 8 个字符，所以后两个字符没有被覆盖掉。

3．程序填空

（1）从磁盘文本文件中一次读取一个字符，并在显示器上显示，每 20 行暂停一下。

```
#include<stdio.h>
#include<stdlib.h>
void main()
{
   int rows=0;
   char ch,name[20]="C:\\test.txt";
   FILE *fp;
   if(_____①_____)
     {
        printf("cannot open file.%s",name);
        exit(0);
     }
   while(_____②_____)
     {
        printf("%c",ch);
        if(_____③_____)
          {
           printf("press any key,continue...");
            _____④_____;
          }
     }
   fclose(fp);
 }
```

解： ① `(fp=fopen(name,"r"))==NULL`   //以只读方式打开文件

② `(ch=fgetc(fp))!=EOF`   //从文件中读字符

③ `++rows%20==0;`   //每 20 行暂停一下

④ `getchar();`

（2）利用 fprintf()函数把一个整型数据和一个字符型数据存放到文件 test.txt 中。

```
#include<stdio.h>
void main()
{
   FILE *fp;
   char b='a';
   int a=34;
   if(_____①_____)
     {
        printf("cannot open file\n");
        exit(0);
     }
   _____②_____;
   fclose(fp);
}
```

解： ① `(fp=fopen("test.txt","w"))==NULL` //以写方式打开文件

② `fprintf(fp,"%d,%c",a,b);`   //格式化写数据到文件中

（3）将整型数组 a 的 3 个元素和字符型数组 b 的 5 个元素写到名为 test.dat 的二进制文件中。

```
#include<stdio.h>
void main()
```

```
{
  int a[3]= {1,45,89};
  char b[5]= "abcde";
  FILE *fp;
  if(_____①_____)
    exit(0);
  fwrite(_____②_____);
  fwrite(_____③_____);
  fclose(fp);
}
```

解：① `(fp=fopen("test.dat","w"))==NULL`
　　② `a,sizeof(int),4,fp`
　　③ `b,sizeof(char),5,fp`

4．编程实验题

（1）x 分别取 3.2，–2.5，5.67，3.42，–4.5，2.54 时，计算多项式 7+5*x+8.0*x*x+9*x*x*x 的值，并写入文件 dat.txt。

【分析】

从键盘输入 6 个数据存入数组，然后计算多项式的值，并将结果存入文件 dat.txt 中。

【程序代码】

```
#include<stdio.h>
void main()
{
  FILE *fp;
  float x[6],y;
  int i;
  fp=fopen("dat.txt","w");
  printf("请输入 6 个 x 的值\n");
  for(i=0;i<6;i++)
  {
    scanf("%f",&x[i]);
  }
  for(i=0;i<6;i++)
  {
      y=7+5*x[i]+8.0*x[i]*x[i]+9*x[i]*x[i]*x[i];
      fprintf(fp,"%s%f%s%f\n","当 x 的值为: ",x[i],"时多项式的值为",y);
  }
  fclose(fp);
}
```

（2）将一个 3×3 数组 a 的每 1 行均除以该行上的主对角元素（第 1 行同除以 a[0][0],第 2 行同除以 a[1][1], ...），然后将 a 数组的每个元素以格式%.4f 写入到文件 data2.dat 中。

【分析】

对二维数组一般外循环控制行号，内循环控制列号，只要在内循环中每个元素 a[i][j]被 a[i][i] 除就可以了，然后再用双重循环和 fprintf()函数以%.4f 格式将每个元素写入文件。

【程序代码】略。

（3）从键盘输入 20 个整数放入 data.dat 文件中，再将文件 data.dat 中的 20 个整数读到程序中，显示在屏幕上。

【分析】

从键盘输入 20 个整数，为了方便可以选择存放在长度为 20 的整型数组里。然后将数组利用 fwrite()函数写入文件 data.dat 中，再利用 fread()函数读取文件并且利用函数 printf()显示在屏幕上。

【程序代码】

```c
#include<stdio.h>
void main()
{
    int i,s1[20],s2[20];
    FILE *fp;
    printf("input 20 numbers:\n");
    for(i=0;i<20;i++)
      scanf("%d",&s1[i]);
    if((fp=fopen("data.dat","w+"))==NULL)
      {  printf("error\n");  exit(1);  }
    fwrite(s1,sizeof(int),20,fp);
    fseek(fp,0, SEEK_SET);              //或者利用语句: rewind(fp);
    fread(s2,sizeof(int),20,fp);
    for(i=0;i<20;i++)
      printf("%d",s2[i]);
    printf("\n");
    fclose(fp);
}
```

（4）统计文件中的单词个数。提示：以空格、换行、回车符为标志判断是否为一个单词。

【分析】

本例简单认为单词之间只有一个空格、换行和一个回车符，分别对应 ASCII 码为 32、\n 和\0 等。

【程序代码】

```c
#include<stdio.h>
void main()
{
    FILE *fp;
    char ch;
    int count=0;
    if((fp=fopen("word.txt","rt"))==NULL)
    {
        printf("Cannot open file strike any key exit!");
        getch();
        exit(1);
    }
    ch=fgetc(fp);
    while(ch!=EOF)
    {
        if(ch==32||ch=='\n'||ch=='\0')
          count++;
        ch=fgetc(fp);
    }
```

```
    count++;
    printf("%d\n",count);
    fclose(fp);
}
```

（5）从键盘输入若干行长度不等的字符，输入后把它们存储到一磁盘文件 char.txt 中。再从该文件中读入这些数据，将其小写字母转换成大写字母后在显示屏上输出。

【分析】

从键盘输入长度不等的字符则需要换行输入，在判断的时候首先读一行，然后提示用户是否继续读数据。如果用户输入 n 或者 N 则停止。否则，继续读字符直到用户输入 n 或者 N。然后保存到文件。最后还需要读出数据，将小写字母转换为大写字母输出在屏幕上。

【程序代码】

```
#include<stdio.h>
void main()
{
    int i,flag;
    char str[80],c;
    FILE *fp;
    fp=fopen("text","w");
    flag=1;
    while(flag==1)
     {
        printf("\ninput string:\n");
        gets(str);
        fprintf(fp,"%s",str);
        printf("\nContinue?");
        c=getchar();
        if((c=='N')||(c=='n'))
          flag=0;
        getchar();
     }
    fclose(fp);
    fp=fopen("text","r");
    while(fscanf(fp,"%s",str)!=EOF)
     {
        for(i=0;str[i]!='\0';i++)
        if((str[i]>='a'&&str[i]<='z'))
          str[i]-=32;
        printf("\n%s\n",str);
     }
    fclose(fp);
}
```

（6）在 1 000 至 1 100 内找出所有的素数，并顺序将每个素数以格式%5d 写入到文件 data1.dat 中。

【分析】

素数是自然数中除了 1 以外只能被 1 和其自身整除的数。要找出 1 000 至 1 100 的所有的素数，只要循环变量从 1 000 到 1 100 逐一判断是否满足素数的条件，满足就用 fprintf()函数以%5d 格式将其写入文件。

【程序代码】

```
#include<stdio.h>
#include<math.h>
void main()
{
    FILE *p;int i,n;
    p=fopen("data1.dat","w");
    for(n=1000;n<=1100;n++)
      {
        for(i=2;i<=sqrt(n);i++)
          if(n%i==0) break;
         if(i> sqrt(n))
            fprintf(p,"%5d",n);
      }
    fclose(p);
}
```

9.3 常见错误和难点分析

1. 文件打开和关闭

打开方式与使用情况不匹配。例如，用只读方式打开文件，却试图向该文件写入数据：

```
if((fp=fopen("test.txt","r"))==NULL)
  {
    printf("cannot open file.\n");
    exit(0);
  }
ch=fgets(fp);
while(ch!='#')
  {
    ch=ch+4;
    fputc(ch,fp);
    ch=fgetc(fp);
  }
```

对以"r"只读方式打开的文件，进行写入操作，显然是错误的。

此外，有的程序经常忘记关闭已打开的文件。虽然系统会自动关闭所有文件，但是可能会丢失数据。因此必须在对文件操作完以后要关闭它。

2. 文件读/写操作

对文件读/写的几种操作的函数调用形式要熟练掌握。避免调用出错。

① 读/写一个字符，格式如下：

字符变量=fgetc(文件指针);

fputc(字符量,文件指针);

② 读/写一个字符串，格式如下：

```
fgets(字符数组名,n,文件指针);
fputs(字符串,文件指针);
```

③ 读/写数据块函数，格式如下：

```
fread(buffer,size,count,fp);
fwrite(buffer,size,count,fp);
```

④ 格式化读/写函数

```
fscanf(文件指针,格式字符串,输入表列);
fprintf(文件指针,格式字符串,输出表列);
```

3. 改错与调试

程序改错和调试，就是对程序的查错和排错的过程。

（1）下面程序把从终端读入的文本用@作为文本结束标志，复制到一个名为 bi.dat 的新文件中，下列程序中有 2 个错误，请改正。

```
#include<stdio.h>
FILE *fp;
void main()
{
    char ch;
    if((fp=fopen("bi.dat","r"))==NULL) exit(0);
    while((ch=getchar())!='@')  fputc(ch,fp);
    fclose();
}
```

程序中 `fopen("bi.dat","r")` ，`!='@'` 有错，

应该是：

`fopen("bi.dat","w")`, `!='@'`

（2）下面程序的功能是：从 dat1.txt 文件中，以%d 的格式读数据到 n 变量中，并显示在屏幕上。程序中有 2 个错误，请改正。

```
#include<stdio.h>
void main()
{
    FILE *fp;
    char ch;
    if((fp=fopen("dat1.txt","w"))==NULL)
      {
        printf("cannot open file\n");
        exit(0);
      }
    while(fscanf(fp,"%d",n) != EOF)
      { printf("%c",ch);  }
    fclose(fp);
 }
```

程序中 `fopen("dat1.dat","w")`，`fscanf(fp,"%d",n)`有错，

改为正确的是：

`fopen("dat1.dat","r")`，`fscanf(fp,"%d",&n)`

9.4 测 试 题

1. 阅读程序写出执行结果

（1）下列程序的运行结果为_____。

```c
#include<stdio.h>
void main(void)
{
  FILE *fp;
  int age;
  float salary;
  char name[64];
  if ((fp=fopen("DATA.DAT", "w"))==NULL)
    printf("Error opening DATA.DAT for output\n");
  else
    {
      fprintf(fp,"33 35000.0 Kris");
      fclose(fp);
      if ((fp=fopen("DATA.DAT","r"))==NULL)
        printf("Error opening DATA.DAT for input\n");
      else
       {
         fscanf(fp,"%d%f%s",&age,&salary,name);
         printf("Age%dSalary%fName%s\n",age,salary,name);
         fclose(fp);
       }
      }
 }
```

（2）假定磁盘当前目录下有文件名为 a.dat、b.dat、c.dat 三个文本文件，文件的内容分别是 wwww#、yyyy#、zzzz#，则下列程序的输出结果为_____。

```c
#include<stdio.h>
void fc( FILE *ifp )
{
  char c;
  while((c=getc(ifp))!='#') putchar(c-32);
}
void main()
{
  FILE *fp;  int i=3;
  char fname[][10]={"a.dat","b.dat","c.dat"};
  while((--i)>=0)
  {
     fp=fopen(fname[i],"r");
     fc(fp); fclose(fp);
  }
}
```

2．程序填空

（1）以下程序将磁盘中的一个文件复制到另一个文件中，两个文件名已在程序中给出（假定文件名无误）。

```
#include<stdio.h>
void main()
{
    FILE *f1,*f2;
    f1=fopen("file_a.dat","r");
    f2=fopen("file_b.dat","w");
    while(_____①_____) fput( fgetc(f1), _____②_____ );
    _____③_____;
    _____④_____;
}
```

（2）以下程序由终端键盘输入一个文件名，然后把终端键盘输入的字符依次存放到该文件中，用#号作为输入结束的标志。

```
#include<stdio.h>
#include<stdlib.h>
void main()
{
    FILE *fp;
    char ch,fname[10];
    printf("Enter the name of file\n");
    gets(fname);
    if((fp= _____①_____)==NULL) { printf("Open error!\n");exit(0);}
    printf("Enter data:\n");
    while( (ch=getchar())!='#' )  fputc(_____②_____ ,fp);
    fclose(fp);
}
```

（3）以下程序用来统计文件中字符的个数。

```
#include<stdio.h>
void main()
{ FILE *fp;
    long num=0;
    fp=fopen("fname.dat",_____①_____);
    while(_____②_____ )
    { _____③_____ ; num++; }
    printf("num=%ld\n",num);
    fclose(fp);
}
```

3．编程实验题

（1）从键盘上输入 10 个浮点数，以格式%.2f 写入到文件 data.txt 中，再从文件中读出数据显示在屏幕上。

（2）编写程序，将两个文件中的内容合并到一个文件中，并显示在屏幕上。

（3）编写程序，将文件 A 的内容复制至文件 B，并将文件 A 中的大写字符全部转换成小写。

（4）编写程序，首先输入一个字符，然后将文件 A 的内容复制至文件 B，复制时要将文件 A

中与输入字符相等的字符删除。

4．调试与改错

（1）下面程序的功能是：由键盘输入一个字符串，存放到 C 盘 test.txt 文件中，用#结束输入。程序中有 2 个错误，请改正。

```
#include<stdio.h>
void main()
{
    FILE *fp;
    char ch;
    if((fp=fopen("c:\\test.txt","w"))==NULL)
      {
          printf("cannot open file\n");
          exit(0);
      }
    while((ch=getchar())!=#)
      fputc(fp,ch);
    fclose(fp);
}
```

（2）下面程序的功能是：从 test.txt 文件中，以%c 的格式读数据到 ch 变量中，并显示在屏幕上。程序中有 3 个错误，请改正。

```
#include<stdio.h>
void main()
{
    FILE *fp;
    char ch;
    if((fp=fopen("letter.txt","w"))==NULL)
      {
          printf("cannot open file\n");
          exit(0);
      }
    while(fscanf(fp,"%c",ch)!=EOF)
      {  printf("%c",temp);  }
    fclose();
  }
```

（3）以下程序将数组 a 中 4 个元素写入名为 lett.dat 的二进制文件中。程序中有 2 个错误，请改正。

```
#include<stdio.h>
void main()
{
    FILE *fp;
    char a[4]={ '1', '2', '3', '4'};
    if ((fp=fopen("lett.dat","wb"))==NULL)
      exit(0);
    fwrite(a,sizeof(char),4);
    fclose("lett.dat");
  }
```

第10章

Windows 界面设计

10.1 知 识 要 点

1. 控件的属性与事件

控件是对象，可以用它来显示信息，并通过它向系统输入信息或者响应用户的操作。它们被放在 Form 对象中，各种控件具有它自己的一些属性、方法和事件。

属性表示对象的状态，可通过"属性"窗口设置控件的属性。事件主要用于响应用户的操作，如 Button 按钮的 Click()事件，表示当鼠标指向按钮并单击鼠标时，该事件发生。我们所编写的 Windows 程序代码一般都是放在控件的对应事件中。

2. 字符串与数值类型的转换

将字符串转换为数值类型，可以利用相关的转换方法进行强制类型转换，如 int.Parse()、double.Parse()等。

将数值转换成字符串，则可以采用 object 方法 ToString()，该方法返回对象的字符串表示。例如，(a+b).ToString()，实现将求和表达式的值转换为对应的字符串。

3. 使用 ADO.NET 连接数据库

ADO.NET 使用 Connection 对象创建应用程序与数据库的连接。Connection 对象的 Open()方法用于打开数据库连接，Close()方法用于关闭数据库连接；属性 ConnectionString 用于设置连接字符串。

在连接成功建立的基础上，使用 Command 对象来执行 SQL 语句，即由应用程序来向数据库发送数据操作指令。使用 Command 对象可以向数据库中插入数据、修改数据和删除数据。如果要进行数据读取操作，即执行 Select 命令，需要使用 DataReader 对象。DataReader()对象通过 Command 对象的 ExecuteReader()方法建立，可以实现从数据库中检索只读并且只进的数据流。

使用 Connection、Command、DataReader 对象来对数据库进行操作的方法称为连线模式，需要始终和数据库保持连接状态，执行 SQL 命令时效率比较高。

10.2 习 题 解 答

编程实验题

（1）在文本框中输入圆半径，计算圆周长和圆面积，设计界面如教材的图 10-1 所示。

【分析】

第一个文本框中输入的圆半径 1，并不是数字，而是字符串"1"，在程序中做计算时，需要将其转换成数值类型。计算所得的圆周长和圆面积，是浮点型数据，需要转换成字符串类型后才能设置为对应文本框的文本。在程序中，设定 PI 为常量 3.1415926。

【程序代码】

```
private void button1_Click(object sender, EventArgs e)
{
    const double PI = 3.1415926;
    double r, zc, mj;
    r = double.Parse(textBox1.Text);
    zc = 2 * PI * r;
    mj = PI * r * r;
    textBox2.Text = zc.ToString();
    textBox3.Text = mj.ToString();
}
```

（2）在教材 10.3 节的图 10-21 中，添加"男生最高分"按钮，单击后在 output 标签中输出男生中入学分数最高者的姓名及其入学分数，输出格式如"最高分 789，许海冰"。继续添加"男女生比例"按钮，单击后在 output 标签中输出男女生比例，以男生人数为1，输出格式如"男:女=1:0.8"，如图 10-2 所示。

图 10-1　计算圆周长和圆面积

图 10-2　添加"男生最高分"、"男女生比例"按钮

【分析】

通过创建 Connection、Command、DataReader 对象，使用连线模式对数据库进行查询操作。由于 DataReader 对象一次只读取一条记录，利用 while 循环和该对象的 Read()方法可以依次读取数据源中的所有记录。查询结果中的字段值可以通过 dr["字段名"]来获取。

【程序代码】

```
private void button1_Click(object sender, EventArgs e)
{
    int max=0; strings="";
    OleDbConnection conn=new OleDbConnection();
    conn.ConnectionString="Provider=Microsoft.Jet.OLEDB.4.0;Data
Source=stu_db1.mdb;";
    conn.Open();
```

```
        OleDbCommand cd=new OleDbCommand();
        cd.Connection=conn;
        cd.CommandText="Select * FROM student ORDER BY studentno";
        OleDbDataReader dr=cd.ExecuteReader();
        while (dr.Read())
        {
            if(dr["sex"].ToString()=="男"&&int.Parse(dr["point"].
ToString())>max)
            {
                max=int.Parse(dr["point"].ToString());
                s=dr["sname"].ToString();
            }
        }
        dr.Close();
        conn.Close();
        label7.Text = "最高分" + max + ", " + s;
    }

private void button2_Click(object sender, EventArgs e)
    {
        int male=0, female=0;
        OleDbConnection conn=new OleDbConnection();
        conn.ConnectionString="Provider=Microsoft.Jet.OLEDB.4.0;Data
Source=stu_db1.mdb;";
        conn.Open();
        OleDbCommand cd=new OleDbCommand();
        cd.Connection=conn;
        cd.CommandText="Select * FROM student ORDER BY studentno";
        OleDbDataReader dr=cd.ExecuteReader();
        while (dr.Read())
        {
            if (dr["sex"].ToString()=="男")
                male++;
            if (dr["sex"].ToString()=="女")
                female++;
        }
        dr.Close();
        conn.Close();
        label7.Text ="男:女=1:"+(female *1.0/male);
    }
```

10.3　常见错误和难点分析

1．界面数据与程序数据之间的类型转换

以文本框为例，从文本框获取数据或向文本框输出数据时，需注意类型转换问题。

例如：

`int a; a=textBox1.Text;` 是错误的。应改为 `int a; a=int.Parse(textBox1.Text);`

`int a = 3; textBox2.Text = a;` 是错误的。应改为 `int a=3; textBox2.Text = a.ToString();`

2. 对象方法在使用时需要加()

注意区别属性和方法。对象属性在使用时，不用加()；对象方法在使用时，必须要加()。

例如，int a=3; textBox2.Text=a.ToString; 是错误的。

应改为 int a=3; textBox2.Text=a.ToString();

3. 注意编写代码的位置，需编写在对应的事件中

任何一个对象都会有许多事件发生，以响应用户的不同操作。例如，Form 窗体的 Click 事件（单击事件）、DoubleClick 事件（双击事件）、Load 事件（加载事件），分别对应用户的单击、双击操作和窗体初始加载的呈现内容。双击控件，能够进入控件默认事件的代码编写，例如，双击 Form 窗体，编写的是其默认事件 Load。

所以，需要注意编写代码的位置，应编写到对应的事件中。以教材第 10 章的课后练习第 1 题为例，设好圆半径为 1，再把编写好的 Button1 按钮的 Click 事件代码，放置到 Form1 的 Load 事件中，则不需要点击按钮，就会计算圆周长和圆面积。

4. ADO.NET 中数据库对象的名称区分大小写

本书中连接的是 Access 数据库，主要介绍了 OleDbConnection、OleDbCommand、OleDbDataReader，请注意这些对象的大小写。特别是 OleDb，若写成 OLEDB、oledb、Oledb 等都是错误的。

5. 数据库对象的打开与关闭

在连线访问数据库的模式中，数据连接对象 Connection 在使用时需调用 Open()方法打开，当对数据库的操作完毕后，需调用 Close()方法关闭。执行查询操作所需的 DataReader 对象，在使用完毕后，也需要调用 Close()方法关闭。否则，会一直占用数据库的访问连接资源。

10.4 测 试 题

编程实验题

（1）编写应用程序，接收 3 个数据，输出其最大值、最小值和平均值。

（2）编写应用程序，接收 1 个五位整数，判断其是否为回文数。回文数是一个顺读和倒读都一样的数字，例如 12321、77777、11511、23332 都是回文数。

（3）编写应用程序，接收 2 个四位整数，分别表示起始年份、终止年份，找出两个年份之间所有的闰年。

（4）编写应用程序，定义两个长度为 4 的一维数组 a 和 b，并给 a[1]~a[4]赋初值。颠倒这些值的顺序，将其存储到数组 b 中输出。

（5）在教材 10.3 节的图 10.21 中，添加"入学平均分"按钮，单击后在 output 标签中输出所有学生入学成绩的平均分，输出格式如"入学成绩平均分：xxx.xx"。

第**11**章

补充练习

11.1 调试修改题

下列各程序中，在"/******N******/"下一行中有错误，请改正并调试(要求不能加行、减行、加句、减句)。

1. 该程序功能：输入 m、n(要求输入数均大于 0)，输出它们的最小公倍数。

```
#include<stdio.h>
void main()
{
  int m,n,k;
  /****1*****/
  while(scanf("%d%d",&m,&n),m<0&&n<0);
  for(k=m;k%n!=0;)
  /*****2****/
  k=k+m%n;
  printf("%d\n",k);
}
```

2. 该程序功能：运行时若输入 a、n 分别为 3、6，则输出下列表达式的值：
3+33+333+3333+33333+333333。

```
#include<stdio.h>
void main()
{
  int i,a,n,t=0;
  /***** 1 *****/
  s=0;
  scanf("%d%d",&a,&n);
  for(i=1;i<=n;i++) {
  /******* 2 ******/
  t=t*10+i;
  s=s+t;
  }
  s=s*a;
  printf("%d\n",s);
}
```

3. 程序功能：运行时输入 n，输出 n 各位数字之和。

如 n=1308 则输出 12，n=-3204 则输出 9。

```c
#include<stdio.h>
#include<math.h>
void main()
{
   int n,s=0;
   scanf("%d",&n);
   n=fabs(n);
   /******** 1 ******/
   while(n>1) {
     s=s+n%10;
    /******** 2 ******/
   n=n%10;
   }
   printf("%d\n",s);
}
```

4. 程序功能：输入 1 个字符串，输出其中所出现过的大写英文字母。如运行时输入字符串 FONTNAME and FILENAME，应输出 F O N T A M E I L。

```c
#include<stdio.h>
void main()
{
   char x[80],y[26]; int i,j,ny=0;
   gets(x);
   for(i=0;x[i]!='\0';i++)
     if(x[i]>='A'&&x[i]<='Z') {
      for(j=0;j<ny;j++)
      /***** 1 *****/
       if(y[i]==x[j])  continue;
       if(j==ny) { y[ny]=x[i]; ny++; }
      }
   /***** 2 *****/
   for(i=0;i<26;i++)
     printf("%c ",y[i]);
   printf("\n");
}
```

5. 程序功能：输入 x、eps，计算多项式 1-x+x*x/2!-x*x*x/3!+...的和，直到末项的绝对值小于 eps 为止。

```c
#include<stdio.h>
#include<math.h>
void main( )
{
   float x,eps,s=1,t=1,i=1;
   scanf("%f%f",&x,&eps);
   do{  /***** 1 ****/
     t = -t * x/ ++i;
     s += t;
    /***** 2 ****/
   }while( fabs(t )<eps)
```

```
   printf("%f\n",s);
}
```

6. 程序功能：分别统计字符串中所有英文字母中的各元音字母个数。

```
#include<stdio.h>
#include<ctype.h>
void main()
{
   char a[80]; int n[5]={0},i;
   gets(a);
   for(i=0;a[i]!='\0'; i++)
    /***** 1 *****/
   switch(tolower(a+i)) {
     case 'a': n[0]++; break;
     case 'e': n[1]++; break;
     case 'i': n[2]++; break;
     case 'o': n[3]++; break;
     /***** 2 *****/
     case 'U': n[4]++; break;
     }
   for(i=0;i<5;i++) printf("%d\n",n[i]);
}
```

7. 程序功能：运行时输入 10 个数，然后分别输出其中的最大值、最小值。

```
#include<stdio.h>
void main()
{
   float x,max,min;
   /******** 1 *******/
   for(int i=1;i<=10;i++){
     scanf("%f",&x);
     /******* 2 ********/
     if(i=1) { max=x;min=x;}
     if(x>max) max=x;
     if(x<min) min=x;
     }
   printf("%f,%f\n",max,min);
}
```

8. 程序功能：运行时输入 n，输出 n 的所有质数因子（如 n=13860，则输出 2、2、3、3、5、7、11）。

```
#include<stdio.h>
void main( )
{
   int n,i;
   scanf("%d",&n);
   /****** 1 ******/
   i=1;
   while(n>1)
     if(n%i==0)
       { printf("%d\t",i); n/=i; }
```

```
        else
        /******** 2 ********/
         n--;
    }
```

9. 程序功能：输入 n 以及小于 n 个字符的字符串，将字符串中所有小写字母改为相应的大写字母后，输出该字符串。

```
#include<stdio.h>
#include<string.h>
#include<stdlib.h>
void main()
{
    int n,i;
    /***** 1 *****/
    char str;
    scanf("%d\n",&n);  str=(char*)malloc(n); gets(str);
    /***** 2 *****/
    for(i=1;i<strlen(str);i++)
      if(str[i]>='a'&& str[i]<='z')  str[i]=str[i]-32 ;
    puts(str);
}
```

10. 程序功能：用递归法将一个六位整数 n 转换成字符串。例如：输入 123456，应输出字符串 "123456"。

```
#include<stdio.h>
void itoa(long i,char *s)
{
    if(i==0)
    return;
    /****** 1 ******/
    s = '1'+i%10;
    itoa(i/10,s-1);
 }
void main()
{ long n;
    char str[7]="";
    scanf("%ld",&n);
     /****** 2 ******/
    itoa(n,str+6);
    printf("%s",str);
}
```

11. 程序功能：输入一个字符串，将组成字符串的所有字符先按顺序存放到字符串 t 中，再将字符串中的字符按逆序连接到字符串 t 的后面。例如：输入 ABCD，则输出为 ABCDDCBA。

```
#include<stdio.h>
#include<string.h>
void fun(char *s,char *t)
{
    int i,s1;
    s1=strlen(s);
```

```
    for(i=0;i<s1;i++)
        t[i]=s[i];
    for(i=0;i<s1;i++)
        /********1********/
        t[s1+i]=s[s1-i];
    /*******2*******/
    t[s1]="\0";
    }
void main()
{
    char s[100],t[100];
    scanf("%s",s);
    fun(s,t);
    printf("%s\n",t);
}
```

答案：

1. m<=0||n<=0、k=k+m;

2. int s=0；、 t=t*10+1;

3. while(n)、 n=n/10;

4. if(y[j]==x[i]) break;、 i<ny

5. t=-t*x/i++;、 while(fabs(t)>=eps);

6. switch(tolower(a[i]))、 'u'

7. int i;、 for(i=1; i<=10; i++) i==1

8. i=2;、 i++;

9. char *str、 i=0

10. *s='0'+i%10;、 itoa(n,str+5);

11. t[s1+i]=s[s1-i-1];   t[s1+i]='\0';

11.2   填 充 题

下列各程序中，在 "＿＿＿＿N＿＿＿＿" 处是根据程序功能需要填充部分，请完成程序填充 (要求不能加行、减行、加句、减句)。

1. 程序功能：输入 m、n (要求输入数均大于 0)，输出它们的最大公约数。

```
#include<stdio.h>
void main()
{
    int m,n,k;
    while(scanf("%d%d",&m,&n),____①____) ;
    for(____②____; n%k!=0||m%k!=0; k--);
      printf("%d\n",k);
}
```

2. 程序功能：函数 f 将 1 个整数首尾倒置，程序输出结果应为"54321   -76543"。

```
#include<stdio.h>
#include<math.h>
```

```
int f(int n)
{
    int m,y=0;  m=fabs(n);
    while(m!=0) {
        y=y*10+m%10;
        _____①_____;
    }
    if(n>=0) return y;
    else_____②_____;
}
void main()
{  printf("%d\t",f(12345));  printf("%d\n",f(-34567));  }
```

3. 程序功能：输入 1 个整数后，输出该数的位数，若输入 3214 则输出 4，输入 -23156 则输出 5。

```
#include<stdio.h>
void main()
{
    int n,k=0;
    scanf("%d",&n);
    while(_____①_____)
     {   k++;
        _____②_____ ;
     }
    printf("%d\n",k);
}
```

4. 程序功能：运行时输出下列结果。

```
 abcdefg
  abcde
   abc
    a
#include<stdio.h>
void main()
{
    int i,j; char k;
    for(i=1;i<=4;i++)
    {
        for(j=1;j<i;j++)  putchar(' ');
        _____①_____;
        for(j=9-2*i;j>0;j--)
          {
            k=(char)k++;
            printf("%c",_____②_____);
          }
        putchar('\n');
    }
}
```

5. 程序功能：输入整数 n(n>0)求 m，使得 2 的 m 次方小于或等于 n、2 的 m+1 次方大于或等于 n。

```
#include<stdio.h>
void main()
{
    int i=0,t=1,n;
    while(_____①_____);
    while(!(t<=n&&t*2>=n))
        {
        _____②_____
         i++;
        }
    printf("%d\n",i);
}
```

6. 程序功能：对 x=1,2,...,10，求 f(x)=x*x–5*x+sin(x)的最大值。

```
#include<stdio.h>
#include<math.h>
#define  f(x)    x*x-5*x+sin(x)
void main()
{
    int i; float max;
    _____①_____
    for(i=2;i<=10;i++)
    _____②_____
    printf("%f\n",max);
}
```

7. 程序功能：函数 f 除去数组中的负数，输出结果为：1   3   4   6。

```
#include<stdio.h>
void f(int *a,int *m)
{
    int i,j;
    for(i=0;i<*m;i++)
      if(a[i]<0)
        {
          for(j=i--;j<*m-1;j++)  a[j]=a[j+1];
          _____①_____ ;
        }
 }
void main()
{
    int i,n=7,x[7]={1,-2,3,4,-5,6,-7};
    _____②_____ ;
    for(i=0;i<n;i++)
       printf("%5d",x[i]);
    printf("\n");
 }
```

8. 程序功能：输入 n 和平面上 n 个点的坐标，计算各点间距离的总和。

```
#include<stdio.h>
#include<math.h>
#define  f(x1,y1,x2,y2) sqrt(pow(x2-x1,2)+pow(y2-y1,2))
```

```
            ①
void main()
{
  float *x,*y,s=0; int i,j,n;
   scanf("%d",&n);
   x=(float*)malloc(sizeof(float)*n*2);
   y=x+      ②     ;
   for(i=0;i<n;i++)  scanf("%f%f",x+i,y+i);
   for(i=0;i<n-1;i++)
      for(j=i+1;j<n;j++)
   s+=f(x[i],y[i],x[j],y[j]);
   printf("%.2f\n",s);
 }
```

9. 程序功能：调用函数 f，求二维数组 a 中全体元素之和。运行结果：78.00。

```
#include<stdio.h>
float f(      ①      )
{
   float y=0; int i,j;
   for(i=0;i<m;i++) for(j=0;j<n;j++)
     y=y+*(*(x+i)+j);
   return y;
 }
void main()
{
   float a[3][4]={{1,2,3,4},{5,6,7,8},{9,10,11,12}},*b[3];
   int i;
   for(i=0;i<3;i++)  b[i]=      ②      ;
     printf("%.2f\n",f(b,3,4));
 }
```

10. 程序功能：调用函数 f，求 a 数组中最大值与 b 数组中最小值之差。运行结果：11。

```
#include<stdio.h>
float f(float *x,int n,int flag)
{
  float y; int i;
     ①     ;
  for(i=1;i<n;i++)
    if(flag*x[i]>flag*y)
   y=x[i];
   return y;
 }
void main()
{
  float a[6]={3,5,9,4,2.5,1},b[5]={3,-2,6,9,1};
  printf("%.2f\n",f(a,6,1) -      ②      ) );
 }
```

11. 程序功能：调用函数 f 计算代数多项式 1.1+2.2*x+3.3*x*x+4.4*x*x*x+5.5*x*x*x*x 当 x=1.7 时的值。运行结果：81.930756。

```
#include<stdio.h>
```

```
float f(float,float*,int);
void main()
{
  float b[5]={1.1,2.2,3.3,4.4,5.5};
  printf("%f\n",f(1.7,b,5));
}
float f(_____①_____)
{
  float y=a[0],t=1; int i;
  for(i=1;i<n;i++)
    {  t=t*x ;   y=y+a[i]*t;  }
    _____②_____;
}
```

12. 程序功能：调用函数 f 求方程 x*x+5*x−2=0 的实根。运行结果：0.37　−5.37。

```
#include<stdio.h>
#include<math.h>
int f(float a,float b,float c,float *x1,float *x2)
{
  if(b*b-4*a*c<0)_____①_____;
  *x1=(-b+sqrt(b*b-4*a*c))/2/a;
  *x2=(-b-sqrt(b*b-4*a*c))/2/a;
  return 0;
}
 void main()
{
  float u1,u2; float a=1,b=5,c=-2;
  if(f(_____②_____))  printf("实数范围内无解\n");
  else   printf("%.2f%.2f\n",u1,u2);
}
```

13. 程序功能：函数 f 将数组循环左移 k 个元素，输出结果为：4　5　6　7　1　2　3。

```
#include<stdio.h>
void f(int *a,int n,int k)
{  int i,j,t;
  for(i=0;i<k;i++)
  {
    _____①_____;
    for(_____②_____)
      a[j-1]=a[j];
    a[n-1]=t;
  }
}
void main()
{
  int i,x[7]={1,2,3,4,5,6,7};
  f( x , 7 , 3);
  for(i=0;i<7;i++)
    printf("%5d",x[i]);
  printf("\n");
}
```

14. 程序功能：调用函数 f()，将字符串中的所有字符逆序存放，然后输出。例如，输入字符串为"123456"，则程序的输出结果为 654321。

```
#include<stdio.h>
#include<string.h>
void main()
{
    char s[60],*f(char*);
    gets(s);
    printf("%s\n",f(s));
}
_____①_____ f(char* x)
{
    char t;   int i,n;
    _____②_____ ;
    for(i=0;i<n/2;i++)
    { t=x[i];  x[i]=x[n-1-i];  x[n-1-i]=t; }
    return x;
}
```

15. 程序功能：调用函数 f()，从字符串中删除所有的数字字符。

```
#include<stdio.h>
#include<string.h>
#include<ctype.h>
void f(char *s)
{
    int i=0;
    while(s[i]!='\0')
        if(isdigit(s[i]))_____①_____ (s+i,s+i+1);
        else _____②_____ ;
}
void main()
{
    char str[80];
    gets(str);
    f(str);
    puts(str);
}
```

16. 程序功能：输出 6 ～ 1000 之间的完数（1 个数的因子和等于其自身的数：6=1+2+3、28=1+2+4+7+14，则 6、28 都是完数）。运行结果：6   28   496。

```
#include<stdio.h>
void main()
{
    int i,j,s;
    for(i=6;i<=1000;i++)
    {
        _____①_____ ;
        for(j=1;_____②_____ ;j++)
            if(i%j==0)  s+=j;
        if(s==i)  printf("%d\n",s);
```

```
      }
}
```

17. 程序功能：计算四位学生的平均成绩，保存在结构中，然后输出这些学生的信息。

```
#include<stdio.h>
struct STUDENT
{ char name[16];
  int math;
  int english;
  int computer;
  int average;
};
void GetAverage(struct STUDENT *pst)    /* 计算平均成绩 */
{
  int sum=0;
  sum =_____①_____;
  pst->average=sum/3;
}
void main()
{
  int i;
  struct STUDENT st[4]={{"Jessica",98,95,90},{"Mike",80,80,90},
              {"Linda",87,76,70},{"Peter",90,100,99}};
  for(i=0;i<4;i++)
    {
     GetAverage(_____②_____);
    }
  printf("Name\tMath\tEnglish\tCompu\tAverage\n");
  for(i=0;i<4;i++)
{
    printf("%s\t%d\t%d\t%d\t%d\n",st[i].name,st[i].math,st[i].english,
st[i].computer,st[i].average);
  }
}
```

18. 程序功能：将输入的十进制整数 n 通过函数 DtoH 转换为十六进制数，并将转换结果以字符串形式输出。例如：输入十进制数 79，将输出十六进制数 4f。

```
# include<stdio.h>
# include<string.h>
char trans(int x)
{
  if(x<10) return '0'+x;
  else_____①_____
}
int DtoH(int n,char *str)
{
  int i=0;
  while(n!=0)
   {
      _____②_____
     n/=16;i++;}
```

```
        return i-1;
    }
void main()
{
    int i,k,n;
    char *str;
    scanf("%d",&n);
    k=DtoH(n,str);
    for (i=0;i<=k;i++) printf("%c",str[k-i]);
}
```

答案：

1. ① m<=0|| n<=0   ② k=m<n?m:n

2. ① m=m/10 ② return(-y)

3. ① n!=0   ② n=n/10

4. ① k='a' ② k-1

5. ① scanf("%d",&n), n<=0   ② t=t*2;

6. ① max=f(1);   ② if(f(i)>max) max=f(i);

7. ① *m=*m-1 ② f(x,&n)

8. ① #include <stdlib.h> 或 #include <malloc.h>   ② n

9. ① float **x, int m, int n   ② &a[i][0] 或 a[i]

10. ① y=x[0]   ② f(b,5,-1)

11. ① float x,float a[], int n   ② return y

12. ① return 1   ② a,b,c,&u1,&u2

13. ① t=a[0]   ② j=1;j<n;j++

14. ① char *   ② n=strlen(x)

15. ① strcpy   ② i++

16. ① s=0   ② j<i

17. ① pst->math+pst->english+pst->computer   ② &st[i]

18. ① return 'a'+x%10;   ② str[i]=trans(n%16);

11.3 编 程 题

1. 编写程序完成以下功能：$z=f(x,y)=(3.14*x-y)/(x+y)$，若 x、y 取值为区间[1,6]的整数，找出使 z 取最小值的 x1、y1，并将 x1、y1 以格式%d,%d 写入到新建数据文件 design.dat。运行结果：1,6。

```
#include<stdio.h>
void main()
{
    FILE *p; float f(float x,float y),min;
    int x,y,x1,y1;
    // 此处起要求学生自己编制程序，参考代码如下
    min=100;
```

```
    if((p=fopen("design.dat","w"))==NULL)
    { printf("cannot open in FILE\n");  exit(0); }
    for(x=1;x<=6;x++)
    for(y=1;y<=6;y++)
      if(f(x,y)<min)
        {min=f(x,y); x1=x; y1=y;}
    fprintf(p, "%d,%d",x1,y1);
    fclose(p);
 }
float f(float u,float v)
{  return (3.14*u-v)/(u+v); }
```

说明：也可以将

```
if((p=fopen("design.dat","w"))==NULL)
{ printf("cannot open in FILE\n");  exit(0); }
```

改为：

```
p=fopen("design.dat","w");
```

以下各题相同。

2. 编写程序完成以下功能：函数 root 返回满足条件 f(a)*f(b)<0 的方程在[a,b]区间内的 1 个实根。在区间[2,5]、限差为 0.00001。用区间对分法求解,将方程 x*x-5sin(x)-4=0 的根以格式%9.6f 写入新建的文件 design.dat。

```
#include<stdio.h>
#include<math.h>
float g(float x)
{  return x*x-5*sin(x)-4; }
float root(float a,float b,float eps,float(*f)(float))
{
  float c;
  while(c=(a+b)/2,fabs(f(c))>=eps&&fabs(b-a)>=eps)
   if(f(a)*f(c)<0)  b=c;
  else  a=c;
   return c;
}
void main()
{
  // 此处起要求学生自己编制程序，参考代码如下
  float a=2,b=5,c,(*f)(float);
  FILE  *fp;
  if((fp=fopen("design.dat","w"))==NULL)
  { printf("Cannt open FILE");  exit(0);  }
    f=g;
  c=root(a,b,1e-5,f);
  fprintf(fp,"%9.6f",c);
  fclose(fp);
}
```

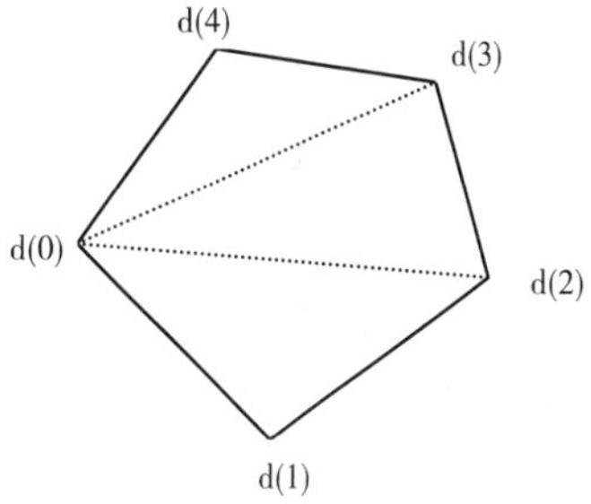

图 11-1　题 3 图

3. 编写程序完成以下功能：x[i],y[i]表示点 d(i)的平面坐标，求 d(0)至 d(1)、d(1)至 d(2)、…、d(4)至 d(0)的连线所构成的五边形面积，并将所求面积（如图 11-1 所示）以格式%.4f 写到新建文件 design.dat。运行结果：46.7800。

```
#include<stdio.h>
#include<math.h>
void main()
{
    FILE *p;  int i;  float s,a,b,c,sdim=0;
    float x[5]={-4.5,0.5,4.2,2.7,-3};
    float y[5]={2.3,4.7,1.3,-2.5,-3.3};
    p=fopen("design.dat","w");
    // 此处起要求学生自己编制程序，参考代码如下
    for(i=1;i<4;i++)
    {
        a=sqrt((x[0]-x[i])*(x[0]-x[i])+(y[0]-y[i])*(y[0]-y[i]));
        b=sqrt((x[i]-x[i+1])* (x[i]-x[i+1])+(y[i]-y[i+1])*(y[i]-y[i+1]));
        c=sqrt((x[0]-x[i+1])* (x[0]-x[i+1])+(y[0]-y[i+1])*(y[0]-y[i+1]));
        s=(a+b+c)/2;
        sdim+=sqrt(s*(s-a)*(s-b)*(s-c));
    }
    fprintf(p,"%.4f",sdim);
    fclose(p);
}
```

4. 编写程序完成以下功能：对 x=1,2,...,10，求函数 f(x)=x-10*cos(x)-5*sin(x)的最大值，并将该数以格式%.3f 写到新建文件 design.dat。运行结果：21.111。

```
#include<stdio.h>
#include<math.h>
void main()
{
    FILE *p; float f(float),max,x;
    // 此处起要求学生自己编制程序，参考代码如下
    if((p=fopen("design.dat","w"))==NULL)
        { printf("cannot open in FILE\n"); exit(0); }
    max=f(1);
    for(x=2;x<=10;x++)
    if(max<f(x))
        max=f(x);
    fprintf(p,"%.3f",max);
    fclose(p);
}
float f(float y)
{
    y=y-10*cos(y)-5*sin(y);
    return(y);
}
```

5. 编写程序完成以下功能：将字符串 s 中的所有字符按 ASCII 值从小到大重新排序后，将排序后的字符串写入到新建的文件 design.dat。

```
#include<stdio.h>
#include<string.h>
void main()
{
```

```
FILE *p; char *s="634,.%@\\w|SQ2",c;
int i,j,n=strlen(s);
// 此处起要求学生自己编制程序，参考代码如下
if((p=fopen("design.dat","w"))==NULL)
 { printf("cannot open in FILE\n");  exit(0);  }
for(i=0;i<n-1;i++)
   for(j=i+1;j<n;j++)
     if(*(s+i)>*(s+j))
        { c=*(s+i);  *(s+i)=*(s+j);  *(s+j)=c;  }
for(i=0;i<n;i++)  fputc(s[i],p);
fclose(p);
}
```

6. 编写程序完成以下功能：数组元素 x[i]、y[i] 表示平面上某点坐标，统计 10 个点中同处在圆 (x–1)*(x–1)+(y+0.5)*(y+0.5)=25 与 (x–0.5)*(x–0.5)+y*y=36 内的点数 k，并将变量 k 的值以格式%d 写到新建文件 design.dat。运行结果：3。

```
#include<stdio.h>
#include<math.h>
void main()
{
  FILE *p; int i,k=0;
  float x[ ]={1.1,3.2,-2.5,5.67,3.42,-4.5,2.54,5.6,0.97,4.65};
  float y[ ]={-6,4.3,4.5,3.67,2.42,2.54,5.6,-0.97,4.65,-3.33};
  // 此处起要求学生自己编制程序，参考代码如下
  if((p=fopen("design.dat","w"))==NULL)
    { printf("cannot open in FILE\n");  exit(0);  }
  for(i=0;i<10;i++)
   if((sqrt((x[i]-1)*(x[i]-1)+(y[i]+0.5)*(y[i]+0.5))<=5)&&
        sqrt(((x[i]-0.5)*(x[i]-0.5)+(y[i]*y[i]))<=6))
   k++;
  fprintf(p,"%d",k);
  fclose(p);
}
```

7. 编写程序完成以下功能：数组元素 x[i]、y[i] 表示平面上某点坐标，统计所有点间最短距离，并将其值以格式%f 写到新建文件 design.dat。运行结果: 1.457944。

```
#include<stdio.h>
#include<math.h>
#define len(x1,y1,x2,y2) sqrt((x1-x2)*(x1-x2)+(y1-y2)*(y1-y2))
void main()
{
  FILE *p; int i,j; float c,minc;
  float x[ ]={1.1,3.2,-2.5,5.67,3.42,-4.5,2.54,5.6,0.97,4.65};
   float y[ ]={-6,4.3,4.5,3.67,2.42,2.54,5.6,-0.97,4.65,-3.33};
  minc=len(x[0],y[0],x[1],y[1]);
  // 此处起要求学生自己编制程序，参考代码如下
  if((p=fopen("design.dat","w"))==NULL)
    { printf("cannot open in FILE\n");  exit(0);  }
  for(i=0;i<9;i++)
   for(j=i+1;j<10;j++)
```

```
        if((c=len(x[i],y[i],x[j],y[j]))<minc)
           minc=c;
      fprintf(p,"%f",minc);
      fclose(p);
   }
```

8. 编写程序完成以下功能：将数组 a 的每一行均除以该行上的主对角元素（第 1 行同除以 a[0][0]，第 2 行同除以 a[1][1]，…，）然后将 a 数组写入到新建的文件 design.dat。

```
#include<stdio.h>
#include<stdlib.h>
void main()
{
   float a[3][3]={{1.3,2.7,3.6},{2,3,4.7},{3,4,1.27}};
   FILE *p; int i,j;
    // 此处起要求学生自己编制程序，参考代码如下
   float k;
   if((p=fopen("design.dat","w"))==NULL)
     {  printf("cannot open in FILE\n");  exit(0);  }
   for(i=0;i<3;i++)
     {
       k=a[i][i];
       for(j=0;j<3;j++)
         a[i][j]=a[i][j]/k;
     }
   for(i=0;i<3;i++)
   {
     for(j=0;j<3;j++)
       fprintf(p,"%10.6f",a[i][j]);
     fprintf(p,"\n");
   }
   fclose(p);
}
```

程序运行结果为

```
1.000000  2.076923  2.769231
2.362205  30149606  1.000000
0.666667  1.000000  1.566667
```

9. 编写程序完成以下功能：计算表达式 1+2!+3!+...+10!的值，并将计算结果以格式%d 写入到新建的文件 design.dat。运行结果：4037913。

```
#include<stdio.h>
#include<stdlib.h>
void main()
{
   FILE *p; int s=1,k=1,i;
    // 此处起要求学生自己编制程序，参考代码如下
   if((p=fopen("design.dat","w"))==NULL)
     {  printf("cannot open in FILE\n");  exit(0);  }
   for(i=2;i<=10;i++)
     {  k*=i;  s+=k;  }
   fprintf(p,"%ld",s);
```

```
        fclose(p);
    }
```

10. 编写程序完成以下功能：在 6 至 1000 内找出所有的合数，将每个合数按照由小到大的顺序用语句 fprintf(p,"%6d",n)写入到新建的文件 design.dat。说明：某数等于其因子之和则该数为合数，如 6=1+2+3，28=1+2+4+7+14 则 6、28 就是合数。运行结果：6   28   496。

```
#include<stdio.h>
#include<stdlib.h>
void main()
{
    FILE *p;  int n,i,s;
    // 此处起要求学生自己编制程序，参考代码如下
    if((p=fopen("design.dat","w"))==NULL)
      { printf("cannot open inFILE\n");  exit(0);  }
    for(n=6;n<=1000;n++)
      {
        s=0;
        for(i=1;i<n;i++)
          if(n%i==0)    s+=i;
        if(n==s)  fprintf(p,"%6d",n);
      }
    fclose(p);
}
```

11. 编写程序完成以下功能：在正整数中找出 1 个最小的、被 3、5、7、9 除余数分别为 1、3、5、7 的数，将该数以格式%d 写到新建文件 design.dat。运行结果：313。

```
#include<stdio.h>
#include<math.h>
#include<stdlib.h>
void main( )
{
    // 此处起要求学生自己编制程序，参考代码如下
    FILE *p; int i,j;
    if((p=fopen("design.dat","w"))==NULL)
      { printf("cannot open FILE");  exit(0);  }
    for(i=1;;i++)
      if(i%3==1&&i%5==3&&i%7==5&&i%9==7) break;
    fprintf(p,"%d",i);
    fclose(p);
}
```

12. 编写程序完成以下功能： a、b、c 为区间[1,100]的整数，统计使等式 c/(a*a+b*b)=1 成立的所有解的个数，并将统计数以格式%d 写入到新建文件 design.dat（若 a=1、b=3、c=10 是 1 个解，则 a=3、b=1、c=10 也是解） 运行结果：69。

```
#include<stdio.h>
void main()
{
    FILE *p; int n=0,a,b,c;
    // 此处起要求学生自己编制程序，参考代码如下
```

```
    if((p=fopen("design.dat","w"))==NULL)
     {  printf("cannot open inFILE\n");  exit(0);  }
    for(a=1;a<=100;a++)
      for(b=1;b<=100;b++)
        for(c=1;c<=100;c++)
           if((a*a+b*b)==c)  n+=1;
    fprintf(p,"%d",n);
    fclose(p);
  }
```

13. 编写程序完成以下功能：统计满足条件 x*x+y*y+z*z==2000 的所有解的个数，并将统计结果以格式%d 写入到新建的文件 design.dat。说明：若 a、b、c 是 1 个解，则 a、c、b 也是 1 个解，等等。运行结果：144。

```
#include<stdio.h>
void main()
{
    FILE *p; int x,y,z,k=0;
    // 此处起要求学生自己编制程序，参考代码如下
    if((p=fopen("design.dat","w"))==NULL)
     {  printf("cannot open FILE");  exit(0);  }
    for(x=-45;x<45;x++)
      for(y=-45;y<45;y++)
        for(z=-45;z<45;z++)
           if(x*x+y*y+z*z==2000)  k++;
    fprintf(p,"%d",k);
    fclose(p);
}
```

14. 编写程序完成以下功能：在 6 至 5000 内找出所有的亲密数对，并将每对亲密数用语句 fprintf(p,"%6d,%6d\n",a,b);写到新建文件 design.dat。

说明：若 a、b 为 1 对亲密数，则 a 的因子和等于 b、b 的因子和等于 a、且 a 不等于 b。例如：220、284 是 1 对亲密数，280、220 也是 1 对亲密数。

```
#include<stdio.h>
void main()
{
    FILE *p;
    int i,a,b,c;
    p=fopen("design.dat","w");
    printf("程序正在运行，请稍等....\n");
    for(a=6;a<=5000;a++)
    {
        // 此处起要求学生自己编制程序，参考代码如下
        b=c=0;
        for(i=1;i<a;i++)
          if(a%i==0)  b=b+i;
        for(i=1;i<b;i++)
          if(b%i==0) c=c+i;
        if(a==c && a!=b)
        fprintf(p,"%6d,%6d\n",a,b);
```

```
        }
    fclose(p);
    printf("程序运行结束。\n");
}
```

15. 编写程序完成以下功能：计算数列 1,−1/3!,1/5!,−1/7!,1/9!,...的和至某项的绝对值小于 1e−5 时为止(该项不累加)，将求和的结果以格式%.6f 写到新建文件 design.dat。运行结果: 0.841471。

```
#include<stdio.h>
#include<math.h>
void main( )
{
    FILE *p; float s=1,t=1,i=3;
    // 此处起要求学生自己编制程序，参考代码如下
    if((p=fopen("design.dat","w"))==NULL)
      {  printf("cannot open inFILE\n");  exit(0);  }
    do {
        t=-t*(i-1)*i;
        s=s+1/t;
        i+=2;
    } while(fabs(1/t)>=1e-5);
    fprintf(p,"%.6f",s);
    fclose(p);
}
```

16. 编写程序完成以下功能：x[i],y[i]分别表示平面上 1 个点的 x、y 坐标，求下列 5 点各点间距离总和，并将该数以格式%.4f 写到新建文件 design.dat。运行结果: 45.2985。

```
#include<stdio.h>
#include<math.h>
#include<stdlib.h>
void main()
{
    FILE *p; float s,x[5]={-1.5,2.1,6.3,3.2,-0.7};
    float y[5]={7,5.1,3.2,4.5,7.6}; int i,j;
    // 此处起要求学生自己编制程序，参考代码如下
    if((p=fopen("design.dat","w"))==NULL)
      {  printf("cannot open inFILE\n");  exit(0); }
    s=0;
    for(i=0;i<4;i++)
      for(j=i+1;j<5;j++)
        s+=sqrt(pow(x[i]-x[j],2)+pow(y[i]-y[j],2));
    fprintf(p,"%.4f",s);
    fclose(p);
}
```

17. 编写程序完成以下功能：数列第 1 项为 81，此后各项均为它前 1 项的平方根，统计该数列前 30 项之和，并将和以格式%.3f 写入到新建文件 design.dat。运行结果: 121.336。

```
#include<stdio.h>
#include<math.h>
void main()
{
    FILE *p; float s=0,a=81,i;
```

```
// 此处起要求学生自己编制程序，参考代码如下
if((p=fopen("design.dat","w"))==NULL)
  { printf("Can't open file\n"); exit(0);  }
for(i=0;i<30;i++)
  {
    s+=a;
    a=sqrt(a);
  }
fprintf(p,"%.3f",s);
fclose(p);
}
```

18. 编写程序完成以下功能：在 1000 至 1100 内找出所有的素数，并顺序将每个素数用语句 fprintf(p,"%5d",i)写入到新建的文件 design.dat。

说明：素数是自然数中除了 1 以外只能被 1 和其自身整除的数。

```
#include<stdio.h>
#include<math.h>
#include<stdlib.h>
void main()
{
  FILE *p;  int i,j;
  // 此处起要求学生自己编制程序，参考代码如下
  int prime(int n);
  if((p=fopen("design.dat","w"))==NULL)
  { printf("cann't open a FILE");  exit(0);  }
  for(j=1000;j<=1100;j++)
  if(prime(j)==1)
    fprintf(p,"%5d",j);
  fclose(p);
}
int prime(int n)
{
  int i;
  for(i=2;i<sqrt(n);i++)
   if(n%i==0)  return 0;
  return 1;
}
```

19. 编写程序完成以下功能：计算多项式 a0+a1*x+a2*x*x+a3*x*x*x+...的值，并将其值以格式%f 写到新建文件 design.dat。运行结果：98.722542。

```
#include<stdio.h>
#include<stdlib.h>
#include<math.h>
void main()
{
  FILE *p; int i; float x=1.279,t=1,y=0;
  float a[10]={1.1,3.2,-2.5,5.67,3.42,-4.5,2.54,5.6,0.97,4.65};
// 此处起要求学生自己编制程序，参考代码如下
  if((p=fopen("design.dat","w"))==NULL)
    { printf("cann't open a FILE");   exit(0);    }
```

```
    for(i=0; i<10; i++)
      {
        y+=a[i]*t;
        t=t*x;
      }
    fprintf(p,"%f",y);
    fclose(p);
  }
```

20. 编写程序完成以下功能：将数组 a 的每 1 行均除以该行上绝对值最大的元素，然后将 a 数组写入到新建文件 design.dat。

```
#include<stdio.h>
#include<stdlib.h>
#include<math.h>
void main()
{
    float a[3][3]={{1.3,2.7,3.6},{2,3,4.7},{3,4,1.27}};
    FILE *p; float x; int i,j;
    // 此处起要求学生自己编制程序，参考代码如下
    for(i=0;i<3;i++)
      {
        x=fabs(a[i][0]);
        for(j=1;j<3;j++)
          if(x<fabs(a[i][j])) x=fabs(a[i][j]);
        for(j=0;j<3;j++)
          a[i][j]=a[i][j]/x;
      }
      p=fopen("design.dat","w");
      for(i=0;i<3;i++)
        {
          for(j=0;j<3;j++)
          fprintf(p,"%10.6f",a[i][j]);
          fprintf(p,"\n");
        }
    fclose(p);
  }
```

21. 编写程序完成以下功能：数列各项为 1,1,2,3,5,8,13,21,...，求其前 40 项之和，并将求和的结果以格式%ld 写到新建文件 design.dat。运行结果：267914295。

```
#include<stdio.h>
#include<stdlib.h>
void main()
{
    FILE *p; long s=0,i,a[40];
    // 此处起要求学生自己编制程序，参考代码如下
    if((p=fopen("design.dat","w"))==NULL)
      { printf("cann't open a FILE");    exit(0);    }
    a[0]=1;  a[1]=1;
    for(i=2;i<40;i++)
      a[i]=a[i-1]+a[i-2];
```

```
      for(i=0;i<40;i++)
        s+=a[i];
      fprintf(p,"%ld",s);
      fclose(p);
    }
```

22. 编写程序完成以下功能：将满足条件 pow(1.05,n)<1e6<pow(1.05,n+1)的 n、pow(1.05,n)
值以格式%d,%.0f 写入到新建的文件 design.dat。运行结果：283，992137。

```
    #include<stdio.h>
    #include<math.h>
    void main()
    {
      float y=1.05; int n=1;  FILE *p;
      // 此处起要求学生自己编制程序，参考代码如下
      if((p=fopen("design.dat","w"))==NULL)
         { printf("cann't open a FILE");   exit(0);   }
      for(n=1;;n++)
          if((pow(y,n)<1e6)&&(1e6<pow(y,n+1)))  break;
      fprintf(p,"%d,%.0f",n,pow(1.05,n));
      fclose(p);
    }
```

23. 编写程序完成以下功能：计算多项式 a0-a1*x+a2*x*x/2!-a3*x*x*x/3!+...的值，并将其以
格式%f 写到新建文件 design.dat。运行结果：-6.495819。

```
    #include<stdio.h>
    #include<math.h>
    void main()
    {
      FILE *p; int i; float x=1.279,t,y;
      float a[10]={1.1,3.2,-2.5,5.67,3.42,-4.5,2.54,5.6,0.97,4.65};
      // 此处起要求学生自己编制程序，参考代码如下
      t=1; y=0;
      if((p=fopen("design.dat","w"))==NULL)
        { printf("cann't open a FILE");   exit(0);   }
      for(i=0; i<10; i++)
        {
           y=y+a[i]*t;
           t=-t*x*1/(i+1);
        }
      fprintf(p,"%f",y);
      fclose(p);
    }
```

24. 编写程序完成以下功能：累加 a 字符串中各个字符的 ASCII 码值，然后将结果以格式%d
写到新建文件 design.dat。运行结果：983。

```
    #include<stdio.h>
    #include<stdlib.h>
    void main()
    {
      FILE *p; int s=0,i=0;
      char *a="r235%^34cdDW,.";
```

```
// 此处起要求学生自己编制程序，参考代码如下
if((p=fopen("design.dat","w"))==NULL)
    { printf("cann't open a FILE");   exit(0);  }
for(i=0;*(a+i)!='\0';i++)
    s+=*(a+i);
fprintf(p,"%d",s);
fclose(p);
}
```

11.4 模 拟 试 卷

模拟试卷 1

试题 1（每小题 3 分，共 12 分）

阅读下列程序说明和程序，在每小题提供的若干可选答案中，挑选一个正确答案。

【程序说明】

输入一行字符，统计并输出其中英文字母、数字和其他字符的个数。

运行示例：

```
Enter characters: f(x,y)=3x+5y-10
letter=5, digit=4, other=6
```

【程序代码】

```
#include<stdio.h>
void main( )
{
    int digit, i, letter, other;
    ____(1)____ ch;
    digit=letter=other=0;
    printf("Enter characters: ");
    while(____(2)____ != '\n')
      if(____(3)____)
        letter ++;
      ____(4)____ (ch>='0'&&ch<='9')
        digit ++;
      else
        other ++;
    printf("letter=%d,digit=%d,other=%d\n",letter, digit, other);
}
```

【供选择的答案】

（1）A. *   B. float   C. double   D. char

（2）A. (ch = getchar()) B. ch = getchar() C. getchar(ch) D. putchar(ch)

（3）A. (ch>='a'&&ch<='z')&&(ch>='A'&&ch<='Z')

  B. (ch>='a'&&ch<='z')||(ch>='A'&&ch<='Z')

  C. ch>='a'&&ch<='Z'

  D. ch>='A'&&ch<='z'

（4）A. if   B. else   C. else if   D. if else

试题2（每小题3分，共12分）

阅读下列程序说明和程序，在每小题提供的若干可选答案中，挑选一个正确答案。

【程序说明】

输入一个整数，将它逆序输出。要求定义并调用函数 reverse(long number)，它的功能是返回 number 的逆序数。例如 reverse(12345)的返回值是 54321。

运行示例：

```
Enter an integer: -123
After reversed: -321
```

【程序代码】

```
#include<stdio.h>
void main()
{
   long in;
   long reverse(long number);
   printf("Enter an integer:");
   scanf("%ld",&in);
   printf("After reversed:%ld\n",____(5)____);
}
long reverse(long number)
{
   int flag;
   ____(6)____;
   flag=number<0?-1:1;
   if(____(7)____)  number=-number;
   while(number!=0){
      res=____(8)____;
      number/=10;
    }
    return flag*res;
}
```

【供选择的答案】

（5）A. reverse( )   B. in   C. reverse(in)   D. reverse

（6）A. res = 0   B. long res   C. long res = 0   D. res

（7）A. number > 0   B. number < 0   C. number != 0   D. number == 0

（8）A. number%10   B. res*10 + number%10

      C. number/10   D. res*10 + number/10

试题3（每小题3分，共12分）

阅读下列程序说明和程序，在每小题提供的若干可选答案中，挑选一个正确答案。

【程序说明】

输入一个3行2列的矩阵，分别输出各行元素之和.

运行示例：

```
Enter an array:
6  3
1  -8
3  12
sum of row 0 is 9
sum of row 1 is -7
sum of row 2 is 15
```

【程序代码】

```
#include<stdio.h>
void main()
{
   int j,k,sum=0;
   int a[3][2];
   printf("Enter an array:\n");
   for(j=0;j<3;j++)
     for(k=0;k<2; k++)
       scanf("%d",____(9)____);
   for(j=0; j<3; j++)
   {
     ____(10)____
     for(k=0; k<2; k++)
       sum=____(11)____;
     printf("sum of row %d is %d\n",____(12)____, sum);
   }
}
```

【供选择的答案】

（9）A．a[j][k]　　　　B．a[k][j]　　　　C．&a[j][k]　　　　D．&a[k][j]

（10）A．;　　　　　　B．sum = –1;　　　C．sum = 1;　　　　D．sum = 0;

（11）A．sum + a[j][k]　B．sum + a[j][j]　C．sum + a[k][k]　　D．0

（12）A．k　　　　　　B．j　　　　　　　C．0　　　　　　　　D．1

试题 4（每小题 3 分，共 12 分）

阅读下列程序并回答问题，在每小题提供的若干可选答案中，挑选一个正确答案。

【程序代码】

```
#include<stdio.h>
void main()
{
   int k;
   for(k=5; k>0; k--)
   {
     if(k==3)
       continue;  /* 第 6 行 */
     printf("%d",k);
   }
}
```

（13）程序的输出是_____。

      A．5 4 3 2 1   B．5 4 2 1   C．5 4   D．3

（14）将第 6 行中的 continue 改为 break 后，程序的输出是＿＿＿＿＿＿＿＿＿。

      A．5 4 3 2 1   B．5 4 2 1   C．5 4   D．3

（15）将第 6 行中的 continue 删除（保留分号）后，程序的输出是＿＿＿＿＿＿＿＿＿。

      A．5 4 3 2 1   B．5 4 2 1   C．5 4   D．3

（16）将第 6 行全部删除后，程序的输出是＿＿＿＿＿＿＿＿＿。

      A．5 4 3 2 1   B．5 4 2 1   C．5 4   D．3

试题 5（每小题 3 分，共 12 分）

阅读下列程序并回答问题，在每小题提供的若干可选答案中，挑选一个正确答案。

【程序代码】

```c
#include<stdio.h>
void main()
{
   char c, s[80]= "Happy New Year";
   int i;  void f(char *s,char c);
   c=getchar();
   f(s,c);
   puts(s);
}
void f(char *s, char c)
{
   int k=0, j=0;
   while(s[k]!='\0')
   {
      if(s[k]!=c)
      {
         s[j]=s[k];
         j++;
      }
      k++;
   }
   s[j]='\0';
}
```

（17）程序运行时，输入字母 a，输出＿＿＿＿＿＿＿＿＿。

      A．Happy New Year   B．Hppy New Yer C．Hay New Year D．Happy Nw Yar

（18）程序运行时，输入字母 e，输出＿＿＿＿＿＿＿＿＿。

      A．Happy New Year   B．Hppy New Yer C．Hay New Year D．Happy Nw Yar

（19）程序运行时，输入字母 p，输出＿＿＿＿＿＿＿＿＿。

      A．Happy New Year   B．Hppy New Yer C．Hay New Year D．Happy Nw Yar

（20）程序运行时，输入字母 b，输出＿＿＿＿＿＿＿＿＿。

      A．Happy New Year   B．Hppy New Yer C．Hay New Year D．Happy Nw Yar

试题 6（每小题 3 分，共 12 分）

阅读下列程序并回答问题，在每小题提供的若干可选答案中，挑选一个正确答案。

【程序代码】

```c
#include<stdio.h>
struct st{
    int x,y,z;
};
void f(struct st *t, int n);
void main( )
{
    int k, n; struct st time;
    scanf("%d%d%d%d",&time.x,&time.y,&time.z,&n);
    f(&time, n);
    printf("%d:%d:%d\n",time.x,time.y,time.z);
}
void f(struct st*t, int n)
{
    t->z=t->z+n;
    if(t->z>=60)
    {
        t->y=t->y+t->z/60;
        t->z=t->z%60;
    }
    if(t->y>=60)
    {
        t->x=t->x+t->y/60;
        t->y=t->y%60;
    }
    if(t->x>=24)   t->x=t->x%24;
}
```

（21）程序运行时，输入 12 12 50 10，输出＿＿＿＿＿＿。

    A. 12:12:0   B. 12:12:50   C. 12:12:60   D. 12:13:0

（22）程序运行时，输入 12 12 30 10，输出＿＿＿＿＿＿。

    A. 12:12:0   B. 12:12:10   C. 12:12:30   D. 12:12:40

（23）程序运行时，输入 22 59 30 30，输出＿＿＿＿＿＿。

    A. 23:0:0   B. 22:59:60   C. 22:59:30   D. 22:0:0

（24）程序运行时，输入 23 59 0 300，输出＿＿＿＿＿＿。

    A. 0:4:0   B. 23:59:300   C. 23:59:00   D. 23:0:0

试题 7（14 分）编写程序，输入 100 个学生的英语成绩，统计并输出该门课程的平均分以及不及格学生的人数。

试题 8（14 分）编写程序，输入一个正整数 n，计算并输出下列算式的值。要求定义和调用函数 total(n) 计算 1+1/2+1/3+……+1/n，函数返回值的类型是 double。

$$s = \sum_{k=1}^{n} \frac{1}{k} = 1 + \frac{1}{2} + \frac{1}{3} + ... + \frac{1}{n}$$

模拟试卷 2

试题 1（每小题 3 分，共 12 分）

阅读下列程序说明和程序，在每小题提供的若干可选答案中，挑选一个正确答案。

【程序说明】

输入一个正整数 n，再输入 n 个整数，输出最小值。

运行示例：

Enter n: 6

Enter 6 integers: 8 -9 3 6 0 10

MIN: -9

【程序代码】

```c
#include<stdio.h>
main()
{
    int i,min,n,x;
    printf("Enter n:");
    scanf("%d",&n);
    printf("Enter %d integers:", n);
    scanf("%d",&x);
        (1)    ;
    for(    (2)    ;i<n;i++){
            (3)
        if(    (4)    )  min = x;
    }
    printf("Min:%d\n",min);
}
```

【供选择的答案】

（1） A. min = –9   B. min = x

     C. min = n   D. min = 0

（2） A. i = 0   B. i = –1

     C. i = 1   D. i = n

（3） A. scanf("%d",&min);   B. ;

     C. scanf("%d",&n);   D. scanf("%d",&x);

（4） A. min < x   B. min > n

     C. min < n   D. min > x

试题 2（每小题 3 分，共 12 分）

阅读下列程序说明和程序，在每小题提供的若干可选答案中，挑选一个正确答案。

【程序说明】

输入一组（5 个）有序的整数，再输入一个整数 x，把 x 插入到这组数据中，使该组数据仍然有序。

运行示例：

```
Enter 5 integers: 1 2 4 5 7
Enter x: 3
After inserted: 1 2 3 4 5 7
```

【程序代码】

```
#include<stdio.h>
main()
{
    int i,j,n=5,x,a[10];
    printf("Enter %d integers:", n);
    for(i=0; i<n; i++)
     scanf("%d",&a[i]);
    printf("Enter x:");
    scanf("%d",&x);
    for(i=0; i<n; i++){
        if(x>a[i])    (5)   ;
        j=n-1;
        while(j>=i) {
            (6)   ;
            (7)   ;
        }
        a[i]=x;
        break;
    }
    if(i==n) a[n]=x;
    printf("After inserted:");
    for(i=0;    (8)   ;i++)
      printf("%d",a[i]);
}
```

【供选择的答案】

（5）A.　break

　　　C.　continue

　　　B.　a[i] = x

　　　D.　x = i

（6）A.　a[j] = a[j+1]

　　　C.　a[i] = a[j]

　　　B.　a[j+1] = a[j]

　　　D.　a[j] = a[i]

（7）A.　j--

　　　C.　i++

　　　B.　j++

　　　D.　i--

（8）A.　i < n

　　　C.　i > j

　　　B.　i < n + 1

　　　D.　i < j

试题 3（每小题 3 分，共 12 分）

阅读下列程序说明和程序，在每小题提供的若干可选答案中，挑选一个正确答案。

【程序说明】

输入 2 个字符串，比较它们是否相等。要求定义和调用函数 cmp(s, t)，该函数比较字符串 s 和 t 是否相等，若相等则返回 1，否则返回 0。

运行示例：

```
Enter 2 strings: Hello World
"Hello"!="World"
```

【程序】

```c
#include<stdio.h>
int cmp(char *s, char *t)
{
    int i;
    for(i=0;    (9)    ;i++)
     if(    (10)    ) break;
    if(    (11)    )  return 1;
    else return 0;
}
    main()
    {
        char s[80],t[80];
        printf("Enter 2 strings:");
        scanf("%s%s",s,t);
        if(    (12)    )
          printf("\"%s\" = \"%s\"\n",s,t);
        else
          printf("\"%s\" != \"%s\"\n",s,t);
    }
```

【供选择的答案】

（9） A. s[i] == '\0'　　　　　　　　B. s[i] = '\0'

　　　 C. s[i] != '\0'　　　　　　　　D. !s[i]

（10）A. s[i] == t[i]　　　　　　　　B. t[i] == '\0'

　　　 C. s[i] != t[i]　　　　　　　　D. s[i] == '\0'

（11）A. s[i] != t[i]　　　　　　　　B. s[i] == t[i]

　　　 C. s[i] != '\0'　　　　　　　　D. t[i] != '\0'

（12）A. cmp(s, t) != 0　　　　　　　B. cmp(s, t) == 0

　　　 C. cmp(char *s, char *t)　　　　D. cmp(*s, *t) != 0

试题 4（每小题 3 分，共 12 分）

阅读下列程序说明和程序，在每小题提供的若干可选答案中，挑选一个正确答案。

【程序代码】

```c
include<stdio.h>
```

```
#define TRUE 1
#define FALSE 0
int f1()
{
    int x=0x02;
    return x<<2;
}
void f2(int n)
{
    int s=10;
    if(n>0) n=-n;
    do{
        s-=n;
    }while(++n);
    printf("%d %d\n",n,s);
}
double f3(int n)
{
    if(n==1) return 1.0;
    else return 1.0/(1.0+f3(n-1));
}
main()
{
    printf("%d %d\n",TRUE,FALSE);
    printf("%d\n",f1());
    f2(3);
    printf("%.1f\n",f3(3));
}
```

【问题】

(13) 程序运行时，第 1 行输出_____.

    A. 0 1　　　　　　B. TRUE FALSE　　　C. FALSE TRUE　　　D. 1 0

(14) 程序运行时，第 2 行输出_____.

    A. 4　　　　　　　B. 16　　　　　　　C. 8　　　　　　　D. 2

(15) 程序运行时，第 3 行输出_____.

    A. 1 16　　　　　　B. 0 16　　　　　　C. 0 20　　　　　　D. 1 20

(16) 程序运行时，第 4 行输出_____.

    A. 0.5　　　　　　B. 0.7　　　　　　C. 1.0　　　　　　D. 0.6

试题 5（每小题 3 分，共 12 分）

阅读下列程序说明和程序，在每小题提供的若干可选答案中，挑选一个正确答案。

【程序代码】

程序 1：

```
#include<stdio.h>
main()
```

```
{
   int f1,f2,f5,n=12;
   for(f5=3; f5>0; f5--)
     for(f2=10; f2>0; f2--)
     {
       f1=n-5*f5- 2*f2;
       if(f1>0) printf("%d%d%d\n",f5,f2,f1);
     }
}
```

程序 2:

```
#include<stdio.h>
main()
{
   char str[80];
   int i;
   gets(str);
   for(i=0; str[i]!='\0';i++)
     if(str[i]=='9') str[i] = '0';
     else str[i]=str[i]+1;
   puts(str);
}
```

【问题】

（17）程序 1 运行时，第 1 行输出_____.

    A. 0 6 0   B. 1 1 5   C. 1 3 1   D. 1 2 3

（18）程序 1 运行时，第 2 行输出_____.

    A. 0 6 0   B. 1 1 5   C. 1 3 1   D. 1 2 3

（19）程序 2 运行时，输入 2a9，输出_____.

    A. 3b0   B. 2a9   C. a02   D. 3b9

（20）程序 2 运行时，输入 s13，输出_____.

    A. s13   B. 24t   C. U35   D. t24

试题 6（每小题 3 分，共 12 分）

阅读下列程序说明和程序，在每小题提供的若干可选答案中，挑选一个正确答案。

【程序代码】

```
#include<stdio.h>
main()
{
   int i,j;
   char *s[4]={"continue","break","do-while","point"};
   for(i=3; i>=0; i--)
     for(j=0; j<i; j++)
       printf("%s\n",s[i]+j);
}
```

【供选择的答案】

（21）程序运行时，第 1 行输出＿＿＿＿＿＿＿＿。

　　　A. point　　　　　B. do–while　　　C. break　　　　D. continue

（22）程序运行时，第 2 行输出＿＿＿＿＿＿＿＿。

　　　A. inue　　　　　B. reak　　　　　C. hile　　　　　D. oint

（23）程序运行时，第 3 行输出＿＿＿＿＿＿＿＿。

　　　A. int　　　　　B. ntinue　　　　C. eak　　　　　D. –while

（24）程序运行时，第 4 行输出＿＿＿＿＿＿＿＿。

　　　A. do–while　　　B. continue　　　C. break　　　　D. point

试题 7　（14 分）输入 100 个学生的计算机成绩，统计优秀（大于等于 90 分）学生的人数。

试题 8　（14 分）按下面要求编写程序：

（1）定义函数 f(n)计算 n+(n+1)+...+(2n－1)，函数返回值类型是 double。

（2）定义函数 main()，输入正整数 n，计算并输出下列算式的值。要求定义并调用函数 f(n)，计算 n+(n+1)+...+(2n－1)。

$$s = 1 + \frac{2+3}{2} + \frac{3+4+5}{3} + \cdots\cdots + \frac{n+(n+1)+...+(2n-1)}{n}$$